Workflow:
Architecture – Engineering

Workflow: Architecture-Engineering

创造优秀建筑的工作流程
——建筑学与工程学的密切合作

[德] 彼得·卡克拉·施马尔　编著
赵娜冬　段智君　译

中国建筑工业出版社

目 录

6 　前言
　　彼得·库克

10 　关于工程师的创造力
　　彼得·卡克拉·施马尔

　　工程师与建筑师的合作

20 　与施奈德＋舒马赫合作
　　恩里科·桑特福勒
　　信息盒子，柏林，1995 年

26 　与教授克里斯托夫·梅克勒建筑师事务所合作
　　彼得拉·哈根·霍奇森
　　住宅扩建，康斯坦茨，1995 年
　　Naspa 玻璃步行桥，威斯巴登，1996 年
　　KPMG 总部天窗，柏林，1998 年
　　Lindencorso 商店玻璃外立面，柏林，1999 年

40 　与 AS&P－阿尔贝特·斯皮尔及其合伙人合作
　　克里斯托夫·博登巴赫
　　展览会 12 号大厅，汉诺威，1997 年
　　ZDF－电视公园的屋盖结构，美因茨，1997 年
　　千禧塔，法兰克福／美因，1998 年
　　展览会的扩建，汉堡，2002 年
　　Baseler 广场的卵形，法兰克福／美因，2004 年

54 　与蓝天组合作
　　彼得·卡克拉·施马尔
　　UfA－Palast，德累斯顿，1998 年
　　JVC 城市休闲中心（UEC），瓜达拉哈拉——墨西哥，自 1998 年
　　阿克伦艺术博物馆，俄亥俄州阿克伦城，美国，2006 年

　　BMW 世界，慕尼黑，2006 年
　　节点博物馆，里昂，法国，2007 年

70 　与伯恩哈德·弗兰肯合作
　　安德烈·夏扎
　　BMW 气泡，法兰克福／美因，1999 年／慕尼黑，2000 年
　　BMW 流体，法兰克福／美因，2001 年
　　BMW 起飞雕塑，慕尼黑机场，2003 年

84 　与彼得·库克和科林·福尼尔合作
　　彼得·卡克拉·施马尔
　　格拉茨艺术中心，奥地利，2003 年

　　25 项工程实例
　　彼得·卡克拉·施马尔

96 　跨越第 III 河的步行桥，费尔德基希，奥地利，1990 年
　　马丁·霍伊斯勒

100 　计算机联合股份有限公司总部，
　　达姆施塔特－埃伯施塔特，1990 年
　　伦费尔德与维利施

104 　日托中心 102，法兰克福／美因－格里斯海姆，1992 年
　　博勒斯＋维尔森

108 　日托中心 117，法兰克福／美因－埃肯海姆，1993 年
　　伊东丰雄及其合作伙伴／舍夫勒＋沃施乔尔

114 　四面体，博特罗普，1995 年
　　梅迪亚施塔特

120 　环境技术中心（UTZ），柏林－阿德勒肖夫，1998 年
　　ef ＋

126　KPMG 行政楼，莱比锡，1998 年
施奈德＋舒马赫

130　Dornach–Auhof 老年之家，林茨，奥地利，1999 年
赫尔穆特·克里斯滕

134　博朗股份有限公司行政楼，克龙贝格／陶努斯，1999 年
施奈德＋舒马赫

140　北极桥，波鸿，1999 年
黑格·黑格·施莱夫

144　码头和水位塔，Goitzsche，比特费尔德，2000 年
梅迪亚施塔特／舍夫勒＋沃施乔尔

148　联邦教育和研究部（BMBF），柏林，2000 年
约尔顿与穆勒 –PAS

152　下萨克森／石勒苏益格–荷尔斯泰因的联邦政府的
代表处，柏林，2001 年
科内尔森＋泽林格／泽林格＋福格尔斯

156　中央公共汽车站（ZOB）和车站广场，
奥斯纳布吕克，2001 年
博芬格及合作建筑师／马丁·海德里希

160　CSC 商务中心，莱茵美因，威斯巴登，2002 年
考夫曼·泰利格及其合伙人

164　里特斯豪斯法律公司，曼海姆，2002 年
菲舍尔建筑师事务所

170　圣尼古拉教区大厅，汉堡，2002 年
卡斯滕·罗特建筑师事务所

174　新展览会场地，卡尔斯鲁厄，2003 年
格贝尔建筑师事务所

180　Weser–/Nidda 街行政楼，法兰克福／美因，2003 年
KSP 恩格尔和齐默尔曼

184　8 号飞机库，萨尔茨堡，奥地利，2004 年
阿特利尔·福尔克马尔·布格施塔勒

190　MARTa 博物馆，黑尔福德，2004 年
盖里合伙人 LLP／炼金术工作室（Archimedes）

198　中德多媒体中心（MMZ），哈雷，2005 年
Letzelfreivogel 建筑师事务所

202　Zollverein 管理和设计学校，埃森，2006 年
SANAA／博尔与克雷贝尔

208　金融中心 Dexia BIL，卢森堡，2006 年
法斯科尼合作伙伴／让·珀蒂

212　欧洲中央银行（ECB），法兰克福／美因，2003～2009 年
蓝天组

216　工程师学术背景
217　全体职员名单
218　编著者学术背景
220　通信录

前 言
彼得·库克

19世纪末叶之前，建筑设计领域确实发生一些变化：建筑物开始拉伸它们的筋骨，鼓出胸腹，扭转四肢，以此来展示技术上的高超及纤细外形下举重若轻的耐久性。

今天的建筑师们怀有把高科技结构融入其最狂热想像中的愿望。但除了肤浅的理解外，几乎没有人去剖析、去理解它们能够产生的真正可能性。他们并没有真正费心去注意花园和林地、叶片或者水下水藻的枯荣与生长。更不用说不厌其烦地关注桥梁、车站屋顶、桅杆、船帆、铁路及其高架桥、工厂流水线和矿井这些大胆的构想——是那些与建筑师们有着同样缤纷的梦想和情感的人们创造和使用的。

通常相对于建筑师而言，上述这些工程师们较少意识到去解决某一实际问题，对形成也缺少文化上的缜密表述，因为其目标是使事物成立，使事物运作成功。不是他们没有英雄气概或者勃勃雄心：因为内动往往来源于其创作。也不是他们缺乏将创作再进一步的自信，而是满足于在幕后实现了某一要求并报以平静的一笑。与之形式对比的是至今仍然占据建筑师舞台一部分的花言巧语和故作姿态的传统。

或许是"现代运动"将这两个雄心的领地结合在了一起。现在很流行回望19世纪那个抉择的时刻，那时的建造活力既来自物质实体空间，又来自纯精神空间。

法国的欧仁·维奥莱-勒杜克（Eugene Viollet-le-Duc）与玻璃房子的建造者——英格兰的理查德·特纳（Richard Turner）和约瑟夫·帕克斯顿（Joseph Paxton）启发了灵感，桥梁或矿井经由俄罗斯构成主义者进入了正统的建筑语言。"构成"这个词成为其最终派生物。

我们认识到，如果试图沿着这条道路去建造，我们就免不了得涂上一些神奇的万灵油来让这些建造变得特殊。我们不得不吸纳某部分工程学传统，这种做法盛行于苏格兰高地、瑞士阿尔卑斯山、比利牛斯和乌拉尔山脉。在20世纪，这种吸纳更盛，以至于一些非凡的天才设想给建筑物注入了勃勃生机，这些建筑物喜闻乐见于建筑学术讨论中。如果没有这些生命力，类似的东西可能停于表面，或者讨论图案抑或是以沉闷的叙述对内行揭示它们本来的样子。结构工程师的智慧看来已存在于挑战者胜出的心理之中，并必定存在于可能性的艺术之中。

当我坐下聆听克劳斯·博林格 (Klaus Bollinger) 或者曼弗雷德·格罗曼 (Manfred Grohmann) 讲述的时候，所有这些都划过我的脑海。他们对几乎任何问题毫无做作而又冷静的反应掩盖了一个相当可观的思想宝库，从他们的讨论开始以来，想法便滑滑而出。同时，鲜有读到不可能的、乏味的、不当的想法。他们温和地迫使你远离不合宜而走向正确。然后要求更多：走向称心如意的正确，继而又是更进一步：意想不到的称心如意的正确。

作为一名教师兼建筑师，我得出了综合结论：尽管鲜有完全错误的想法，但总是有一个糟糕的想法可以通过护理、调整、治疗，使它逐渐转变为一个伟大的想法。

与以前的弗兰克·纽比 (Frank Newby) 的早期经验有着惊人的相似，这位结构工程师启发和引导了詹姆斯·斯特林和锡德里克·普赖斯 (Cedric Price)，并与建筑电讯组一起做了大量工程。通过那相同的略微古怪的外形和伴随着一系列小心翼翼的柏拉图式质询的轻轻点头，1970年蒙特卡罗山丘从一个盒状转化为碟状（由弗兰克），然后在1992年库克－霍利 (Cook–Hawley) 汉堡细片将自身转化为一个悬崖（由B+G）。2002年蓝色的外星人缓缓弓起它的背庄严就坐（再次由B+G）。

这些人的特点之一是他们向建筑师靠拢的倾向。如他们对我们所言，他们的大学教育是非常直接的，工作和技巧很全面，受过专业的训练并（我以为）达到了对建筑学的"痴迷"。他们开始向建筑师靠拢，听建筑师的闲谈。但是如果他们和那些建筑师做得一样好，他们仍然保持了一种内在的辨别力。毕竟,他们明白事物必有其某种"正确的状态"。我推测他们有时被那些"懂得结构"的建筑师的自负所伤害和烦扰——所谓"懂得结构"往往指的是他们有些模糊的概念和一定的话语权力,并认为自己可以应付诸如建筑制图、建筑绘画、成本计划这些较为直觉性的并虚有其表的内容。克劳斯和曼弗雷德非常礼貌地公然回避某些我们的思想和看法,但还是有一个广阔的视野呈入他们的眼中。

在另一端,我看到了蓝天组办公室里的那场了不起的会议。在那里特别的"表皮-骨架-井道-结构"现象逐渐发展。克劳斯和蓝天组的沃尔夫·普里克斯(Wolf Prix)在维也纳是隔壁的邻居,也是在"Angewandte"的合作教授,但那并不能解释BMW国际大厦彻底的共生现象真正的实验性和完全的原创。伤口绝对精湛:两位创造者各自都是大师。

在极小程度上,回到20世纪80年代后期,C·霍利和我发现自己被克劳斯扭进了在法兰克福制作一个翼状屋顶(自助餐厅Stadelschule)的方案。没有"正合你意"的材料。那个有点儿大胆的"翼"在一个早上便形成了。我的预感是克劳斯确实明白我们会走多远。

在格拉茨的整个经历是相当复杂的——这种工程师-建筑师/心理学/工具/联合/任何可能的东西的模式所能想到的每一根神经和细微差别都得到了真正的检验。这是一个疯狂的主题,但事实上并不疯狂。先前的BMW"气泡"的设计和B+G坚信用丙烯酸树脂解决问题的方法激发了我们所有的人。他们的团队对待柱子比科林·福尼尔(Colin Fournier)和我自己所能做的要"灵活"得多(仅仅因为具备更渊博的知识)。柱子在数量上逐渐变少,腰身逐渐变细。相应地表皮变得越来越奢侈、更有说服力。接受粗糙的节点和粗壮钢构件对B+G来说如同我们一样痛苦——但是我们都知道对一个焊缝的少量啜食不会威胁整个体量的生存和使用。

所有"水滴"对话以及"波动"对话和"外星表面"的对话——它们都确实通过 B + G 事务所，但是我们应该认识到这个事务所比他们的追随者更了解这些创意的本质和定义。这个思想之外又出现另一个思想：克劳斯和曼弗雷德怎样影响了妹岛和世的确定性、弗兰克·盖里的振荡和滚动、阿尔贝特·斯皮尔 (Albert Speer) 的周密——现在在他们的旅行皮箱里找到答案了吗？

研究这个问题时有人向我提出结构工程师与他所处环境文化之间的关系这一难题。在伦敦，关注是很容易的，因为我们已经有了阿鲁普／费利克斯·J·塞缪利家谱去关注过去的 60 年。无数的成果出自彼得·赖斯 (Peter Rice)、托尼·亨特 (Tony Hunt) 和其他人之手；而在法国一个明晰的善于创造的传统从埃菲尔(Eiffel)到雷内·萨遮(Rene Sarger)、吉恩·普劳文(Jean Prouve) 和他们周围的人。但在德国，是斯特凡·波洛尼 (Stefan Polonyi) 还是穿过神秘的多特蒙德／达姆施塔特轴线的什么特殊的东西呢？我不知道，但我对此极有兴趣。含金量高的创意不会仅在一块石头下面找到。我相信 20～21 世纪的有创造性的工程师比其他任何时候会有更多的和源源不断的灵感——但需要一个环境、一个集会、一个舞台去关注。现在有这样的一个环境就在法兰克福的美因河岸上。B+G 有很多舞台值得我们关注——我们将在舞台上看到什么呢？

法兰克福火车总站是巨大而笨重的，就像莱茵河和美因河上大多数的桥。克劳斯和曼弗雷德在另一方面来说很有"眼光"，他们使格拉茨微笑，使蓝天组飞翔。他们和伯恩哈德·弗兰肯(Bernhard Franken) 在慕尼黑机场的迷人的"蛇形"展示 (BMW 起飞雕塑)，应该得到比泰特 (Tate) 现代博物馆里阿尼施·卡普尔 (Anish Kapoor) 的"喇叭"更多的名望。如今这本书出版了，也许这种情况将会发生。

我希望看到令人愉悦的大胆的创作带来持久的微笑。

关于工程师的创造力

彼得·卡克拉·施马尔

　　我认为工程师和建筑师的区别在于建筑师的反应主要是有创造力的，而工程师本质上是擅长发明的。

　　　　　　　　　　　　　　　　　　　　　　　　　——彼得·赖斯[1]（Peter Rice）

　　创造力，运用想像产生想法或事物的能力。
　　发明，被人们首次制作、设计或想到的事物。

　　　　　　　　　　　　　　　　　　　　　　　　　——《麦克米伦基本词典》

　　当两位30岁左右的结构工程师1983年在达姆施塔特开始他们的执业实践时，立足于多特蒙德的结构工程师斯特凡·波洛尼是他们的楷模。他通过与建筑师从开始就入手的反复紧密协作来质询设计的方方面面。这种开放性思维的方式令他们欣赏。"如今我们奉行这样的精神。我们和建筑师一起设计，并在设计过程中提出问题。"克劳斯·博林格和曼弗雷德·格罗曼是这样认识他们自己的："我们是感觉敏锐的合作伙伴，不会极力鼓吹什么特殊的建筑哲学。我们采纳建筑师的手法，并且不会违背这个手法，而是通过结构设计使其更精美。我们不反对建筑哲学的任何手法，但我们拒绝质量的缺陷。"他们根本不会因为他们的建筑没有自己的"商标"而烦恼。"除了约尔格·施莱施（Jörg Schlaich）以外，这里再没有工程师拥有自己的'商标'。"

　　施莱施为结构和土木工程学科引入了针对工程师的工程师创造设计这一课题。[2] 在斯图加特大学他的概念设计 II 研究所里——20世纪90年代初期特意改为此名，他已经实践了这个新想法并且鼓励同事效仿他的做法。然而他们没有准备照此去做，因为他们对设计没有给予同样高的重视而宁愿强调推理和解析方面。今天创造性的结构设计仍旧是个不符合常规的例外，在少数土木工程科系，设计课程仍然是由建筑师而非工程师教授。这也许部分归因于大多数教授是验算工程师，而不是结构设计师。认证工程师（通常为当地政府工作）会忠实并挑剔地验算创造性的结构设计人员的概念方案，但这项工作是不具有创造性的。而另外一个创新的、几乎是异端的施莱施的建议——对材料广泛理解的教学——几乎难以讲授下去。"你不是设计一座混凝土、钢或者木质的桥，而是在设计一座好桥。"[3] 相反，材料理论家的游说团通过定义欧洲标准的程序已经受到了更多的支持。当然，结构工程实践证明了施莱施的观点：我们对概念性的转换需要开放性的思维，应打破对材料的偏见。

这个专业使人消沉的前景

传统结构分析工作者的标准工作范围是分解和标出结构构件的尺寸：结构分析工作者这个词因此被创造性的结构设计者当作是一种冒犯。自以为获得更好的报酬向海外输出的工程逐渐增多，在工业化国家里这个专业的前景预测变得有些使人消沉。模板工程和加固设计已经被外包给东欧或印度的事务所，或中国的大型设计院，而通常他们并不熟悉业主。因此，为什么业主自己将来不可能去做同样的事呢？全球化的运转也从相反的方向损害西方劳动力市场价格。"另一方面，创造性的结构设计不可能被外包，而且不得不与建筑师极为紧密地合作。"克劳斯·博林格和曼弗雷德·格罗曼对此很确信，因此对他们工作的前景非常乐观。然而，他们更关注下一代人：当前的工程学教育不能为满足结构设计工作需要提供足够好的毕业生；他们非常有能力应付计算的工作，但是很少学到怎样去绘画和设计，他们的空间想像力和 CAD 技能没有得到

马丁·霍伊斯勒（Martin Hausle）、克劳斯·博林格、曼弗雷德·格罗曼，1987年

充分发展，而且几乎不了解他们的未来建筑师合作者的语言和工作方法。确实，是教育体系，而非年轻的工程师应受到责备，按照博林格的说法，"从达姆施塔特工业大学毕业之后，我因缺乏必需的知识而感到不自在。"因此，他继续作为波洛尼的助手在多特蒙德大学建筑学系工作，在那里学习了工程学创造性的视角。所有前面被提到的技能都是必需的，而且应当被年轻的工程师作为"毕业后的研究课题"在现实的金钱和时间压力下的职业实践环境中学习。博林格＋格罗曼（B+G）是很少的几个雇佣建筑学毕业生作3D设计人员的工程事务所之一。往往这些毕业生们已经完成了建筑学和工程学的学习。

两位工程师作为教授对未来的建筑师也有所影响，因为他们都在建筑学系任教：克劳斯·博林格在维也纳的实用美术大学，而曼弗雷德·格罗曼在卡塞尔大学。"因为教授建筑师，在一些同僚的眼里我们已不再是严格意义上的工程师。"因为做出了那些壮观的工程，有时他俩会被轻蔑地称作"艺术家气派的工程师"。他们预言大学和事务所今后都会面临更多的问题。"在整个工程学领域持续下降的学生数目正在警告着，不久土木和结构工程的毕业生将会出现短缺。"

这就提出了面对这样的使人消沉的情形以及它们的不良形象，工程师们自身应肩负怎样的责任的问题。为什么工程学研究或者工程师职业对年轻人来说已不再令人兴奋和有创造性？而是越来越没有吸引力。除了在年轻人中非常流行的航空航天技术以外，这种情况也出现在所有别的工程学专业里。如彼得·赖斯所言，如今能从一个建筑物中清晰地识别好工程学个性的案例太少了。因此，工程师已经丧失了声望，与他

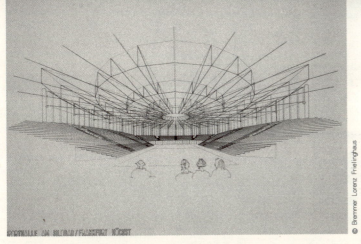

第一次运动中心设计竞赛，法兰克福／美因－赫希斯特，1983 年

在设计过程中的合作者——建筑师形成对比："一直以来，问题出在工程师的名字和角色不为公众所知。工程师们隐姓埋名地工作。与他们的前辈不同的是，今日的工程师工作在其他自我主义者的帷幕之后。"[4]

其他自我主义者，特别是所谓的"明星建筑师"通过媒体被熟知并激发了年轻人。他们使年轻的毕业生们相信，只要足够优秀、努力工作并以不凡的成绩来证明自己，他们也可以达到那样的程度。因此，尽管建筑学系对年轻人的吸引力并未改变，但学生们仍旧是过于拥挤了。这个情景与小型建筑事务所的惨淡现实形成鲜明对比——通过压榨他们自身和他们的职员来生存且普遍处于悲惨的经济条件之下。并没有什么迷人的大道。

作为合作者的建筑事务所

在他们 1983 年的第一次设计竞赛——法兰克福－赫希斯特 (Frankfurt–Hochst) 的球类运动中心，B＋G 的作品吸引了彼得·库克的注意。那时，于法兰克福史泰德艺术学院 (Stadelschule) 执教的这位英格兰建筑师兼理论家正在为他的建筑学班级寻找一位结构工程学的助教。作为这个研究生课程的结构工程学顾问，克劳斯·博林格接触到许多有才能的年轻建筑师，他们后来成为他的第一批当地业主。B＋G 确立了以建筑竞赛咨询领域为其职业实践的核心重点。越来越多的建筑师们通过口头推荐和竞赛发布与他们取得联系。同时，在法兰克福的本部，B＋G 与几乎所有知名事务所进行合作。在这本书中，建筑批评家用专文描述了他们与这些当地建筑合作者近距离

协作的进展通常基于一系列建筑实例：其中，恩里科·桑特福勒 (Enrico Santifaller) 写了施奈德 (schneider) + 舒马赫 (Schumacher)（见第 20 页）；彼得拉·哈根·霍奇森 (Petra Hagen Hodgson) 写了教授克里斯托夫·梅克勒 (Christoph Mackler) 建筑设计（见第 26 页）；克里斯托夫·博登巴赫 (Christof Bodenbach) 写了 AS&P－阿尔贝特·斯皮尔及其合作者（见第 40 页）；安德烈·夏扎 (Andre Chaszar) 写了伯恩哈德·弗兰肯 (Bernhard Franken)（见第 70 页）。同时，除了遍及整个德国的事务所以外，也有国外的建筑师成为他们的合作者。其中一则评论详细说明了与维也纳的蓝天组在全球工程的合作，它的重要性在于发展一种非常紧密的工作流程（见第 54 页）。另一则评论讲述了事务所高度信守承诺的项目，还有 B+G 和伦敦建筑师彼得·库克、科林·福尼尔以及格拉茨建筑咨询公司共同参与的联合设计团队为格拉茨艺术中心所做的工作（见第 84 页）。接下来的项目集中记述了过去 15 年和近期的 25 个单体建筑工程，是根据它们在事务所发展过程中独特的重要性而选定的。这些工程涉及了从高层建筑、政府行政楼和公共性建筑如博物馆和媒体中心到幼儿园；涉及了居住建筑和养老院；还涉及了基础设施建筑如展览厅和飞机库、地铁车站步行桥和水塔。建筑合作者则涵盖了从年轻的天才设计师如 letzelfreivogel 建筑师设计和泽林格＋福格尔斯 (Seelinger+Vogels)，到国际明星如 SANAA、克劳德·瓦斯科尼 (Claude Vasconi) 和弗兰克·O·盖里。除莱茵－美因地区之外，这 25 个工程实例分布在德国各地，以及卢森堡和奥地利——2003 年初他们在维也纳建立了"博林格·格罗曼·施奈德 ZT"事务所。

设计竞赛体系

　　克劳斯·博林格和曼弗雷德·格罗曼是依据在整个程序当中他们工作的深入层次来评价建筑设计竞赛的。一种程序是邀请设计竞赛团队时要求建筑师们与他们所选择的工程师合作，他们的合同在确认委托时就不需要分开提供。这种团队定位的方式——除确立了设计过程的现实性以外——对业主来说是确保稳定的团队协作导向良好结果的最安全的方法。因此，这是应该被追求的最终目标。举例来说，在丹麦这可能已成为了标准，而反过来也是一样，在希腊，工程师们会被邀请与他们选择的建筑师合作。在德国多数的设计竞赛中，建筑师会被邀请并明确地被要求与工程师或其他咨询顾问合作——但那并不保证他们未来会参与工作进程。相反，这些服务将再次被提交，好像工程师们仅仅提供了某些可交换的商品而非一项智力服务。"事实上，这种咨询服务是这些工程师们拥有的知识产权，"博林格和格罗曼说，"只不过是没有人因受损而起诉罢了。"通常，工程师们会在一个工程的设计竞赛阶段无偿工作。如同建筑职业实践一样，工程师把这种损失当作业主的需要施加在他们身上的企业风险。相比建筑师来说，他们对设计竞赛的贡献或许要小很多，但是工程师会因此而忙碌于更多的工程和设计竞赛：就 B + G 的情况来说，他们或许同时进行 30～40 个不同工作阶段的工程。这些年他们的工程清单已经逐渐超过 1400 项，对建筑师来说这是一个难以相信的数字。工程师的众多不同的建筑合作者（在这本书里有 30 个事务所）、他们各自的设计观念、大量的建造经验和问题的处理向工程师们提供了熟练的技能。这种情况是他们自己促成的。"我们致力于概念设计并一直看到它的完成。"

合作的工作流程

在这本书中,合作的质量主要取决于建筑师的个性。一些建筑师如克里斯托夫·梅克勒的主要兴趣在于细部设计阶段和投标过程中的材料和细部,而将大胆的结构放在次要的地位。而对另一些建筑师如施奈德+舒马赫或者AS&P来说,工艺过程是真正的挑战。当与用复杂几何形和非正交方法的设计师,如伯恩哈德·弗兰肯、蓝天组或者在格拉茨艺术中心与彼得·库克和科林·福尼尔合作时,合作的模式将会改变。此时,他们必须发展新的工作流程方法并与企业一起开发新的产品技术,因为这些工程同样受到严格的预算和时间表的控制。

一个复杂设计网络的目标是这样一种参数设计过程:系统可以自动跟踪一个元素的变化及其产生的所有影响。然而,这个梦想成为现实还需要时间。兼容性的问题、有限的计算机内存或者软件执行的限制总是扰乱数字化工作流程的连贯性。遗憾的是,反复的改变仍旧会在 CAD 程序中通过徒手或二维绘图被执行,如同规划申请或投标过程仍旧需要剖面图和平面图,而不是一个三维的设计过程一样。尽管计算机已经变成了新的绘图工具,但是它们的网络潜力迄今为止还是没有得到多少利用。"拥有更大的内存和更快的数据处理器,在 5~10 年以后,3D 模型也会很平常地运用到正交建筑上。"克劳斯·博林格对此很有把握。"所有参与者会输入他们的数据并使其被其他的每个人任意使用。"这已经在稍复杂的工程实例中实现了,如与弗兰肯建筑师设计合作的起飞雕塑,而在很复杂的工程实例中还是行不通,如与蓝天组合作的 BMW-国际中心原因是其拥有巨大的数据量。具有较为简单几何形体的大型工程,如与吉斯(Gies)

与美因茨的吉斯建筑设计合作的 FH 法兰克福扩建工程的数字化工作流程

建筑设计合作的、现正在施工的 FH 法兰克福扩建工程，已全部采用 3D 模型。但是曼弗雷德·格罗曼接着认为"这里需要回答一个问题：从按照这种实践方式而增加的时间量中会得到什么额外的利益呢？"一个重要的与花费有关系的因素可能是，早期消除因协调机械服务而引起的设计错误，不会仅仅在现场变得可见的时候才修改，以致花费巨大。毕竟，建筑师和工程师的共同目标是预先实际地构筑这个项目，创建一个具备所有细部和完整的技术设备的建筑模拟，最终他们"只需要建成它。"

[1] Peter Rice, An Engineer Imagines, Artemis, London 1994.

[2] Annette Bögle, Complex questions made easy, in: Light Structures, Jörg Schlaich & Rudolf Bergermann, Annette Bögle, Peter Cachola Schmal, Ingeborg Flagge (Ed.), Prestel, New York 2003, p. 32ff.

[3] Light Structures, p.38.

[4] Peter Rice, l.c.

工程师与建筑师的合作

与施奈德 + 舒马赫合作

恩里科·桑特福勒

地点：柏林，莱比锡广场
业主：建筑与住房制度委员会（Senat fur Bau-und Wohnungswesen）
竞赛：1994 年 10 月
施工时间：1995 年 6 月～1995 年 9 月
拆除：2002 年 1 月
长度：60m
宽度：23m
施工：
主承包商
Magnus Muller Pinneberg 股份有限公司
工作范围：概念设计、设计、正式设计、细部设计、现场监督
奖励：
1997 年，建筑艺术促进奖（Forderpreis Baukunst im Kunstpreis），柏林
1997 年，德国建筑师联盟奖（BDA Preis），柏林
1996 年，德国钢铁假设奖（Stahlbaupreis）

项目工程师：约尔格·施奈德

信息盒子，柏林，1995 年

有一张照片，是为柏林信息盒子拍摄的所有照片中给人印象最深刻的，由一位图形设计者后来巧妙地处理过：近乎航空拍摄的照片简略地刻画了在波茨坦／莱比锡广场上刚刚建成的惹人注目的鲜红色的盒子，而周围的环境——保持着黑白色调——作为次要的背景。一个非常脆弱的支撑在有一定倾斜度的腿上的建筑物耸立在粗糙不平的场地上，后者的不良影响隐藏于暗色中，因为图形艺术效果的掩饰而仅能略微察觉。尽管在信息盒子修建中，这个地区发展的所有规划已经被草拟出来很久了，但场地看起来完全是混乱的，而这块红色的斑点提供了第一个被开挖物、废墟、建筑基坑、集装箱、起重机、车辆和车道环抱的参照点。2003 年初柏林新中心的西部——位于国家图书馆和波茨坦广场之间的区域，商业活动至少在白天很繁荣。然而，东部——特别在莱比锡广场的"八角形建筑"——仍旧是一片凄凉景象：人行道和地下通道入口被废弃，破败的场地被圈起来，而且著名的八角形建筑也仅仅由道路而不是建筑立面勾出了轮廓。

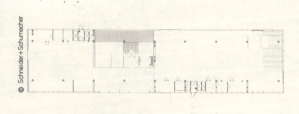

二层的入口层平面图

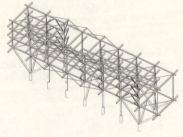

结构的等角图

在破败的莱比锡/波茨坦广场上的红色盒子

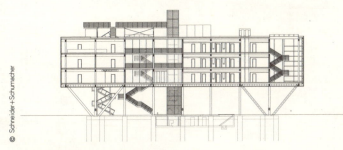

信息盒子的剖面图表现出3层平面

而且,这个被正式称呼为"波茨坦广场资讯屋"的建筑——确曾坐落在莱比锡广场上的被切去两个对角的八角形建筑已经消失了。一个告别聚会于2001年12月30日举行:在一个有点儿不合意的标题"再见,信息盒子——你好,柏林"下面,城市发展参议员彼得·施特里德(Peter Strieder) 发出了拆除这个建筑的开始信号。在过去存在的不到7年间,它已经变得极具盛名。建筑师蒂尔·施奈德(Till Schneider) 和米夏埃尔·舒马赫(Michael Schumacher)、信息盒子项目的建筑师克里斯汀·迪舍尔(Kristin Dirschl) 以及克劳斯·博林格和曼弗雷德·格罗曼都出席了这个有香槟酒的庆祝活动,包括一个表面的金属敷层的拍卖。只是少数人拥有复杂的感情,不考虑他们投入这个工程中的实际工作:这个红盒子的命运——已经变成了一个从波恩共和国到柏林共和国过渡的象征,没有别的建筑会像这样,曾有1000万以上的参观者,面向全球售出了成千上万的照片、明信片、拼图、纪念币和玩具等纪念品——也恰当地折射了德国重新统一过程中最初的兴高采烈与无限的乐观和后来的醉酒与清醒的现实。在这块曾经是隔离墙所在的基地上面,这个楼阁由支柱撑起——作为分裂德国的精神支柱的一个最初的未实现的想法。尽管无数的希望在勃兰登堡的沙地上破灭,这个昙花一现的建筑永远飘浮在这一切之上。

在有限的混凝土灌注的管状柱上,地面以上7m标高平台的梁的装配

钢与混凝土复合结构的最顶层平台梁的装配

已完成的结构二层楼上混凝土填充的"工字"形截面构件

信息盒子

赢得设计竞赛后的来自法兰克福的建筑师施奈德＋舒马赫仅有三个月时间去设计，然后再用三个月建成这个建筑。最初的概念性想法是把这个楼阁展示为一个古老立方体的变形，盘旋在地面以上至少2层高的地方。在拥有丰富的基本概念的基础上，建筑师与博林格＋格罗曼（B＋G）取得了联系。心中牢记这个建筑大约60m长，他们共同开发了一个非常单薄的复合钢结构系统，而且正如米夏埃尔·舒马赫所说"符合这个想法的本意"。由于公共集会地点的建筑规章所限，不可能把它建成一个纯钢结构，那将会更多强调这个临时建筑的装配式原则。在钻孔桩基础上的40cm粗的混凝土灌注钢管柱构成这个盒子的底部。纵向上，对角斜支撑加强了这个建筑并使盒子的两端悬挑成为可能。最下一层平台悬在距地7m高的空中。复合结构布置为纵向7.5m、横向9m的网格。柱子与50cm高、总长14.5m的"工字"形截面梁连接，次梁是30cm高的"工字"形截面梁。就像米夏埃尔·舒马赫今天认为的，这个信息盒子结构无论如何都不是壮观的。它也不是某种吸引人的姿态的体现，而是一个漂浮楼阁帐篷的构思。如建筑师所言，关键是人们几乎不会去注意那承受重负的结构。

引人注目的玻璃角窗成为信息盒子的商标

波茨坦广场1000万以上的参观者记得信息盒子的形象

贯通 3 层的朝向城市的"大窗户"

这个楼梯从地面看像是一个刚刚落地的 UFO 的一部分

与施奈德 + 舒马赫合作

信息盒子

合　作

按照克里斯汀·迪舍尔的说法，一边是蒂尔·施奈德和米夏埃尔·舒马赫，另一边是克劳斯·博林格和曼弗雷德·格罗曼他们的关系类似"一对老夫老妻"：开放、信任、平等的合伙人关系——或许是有点习以为常。迪舍尔说，这四个人由乐趣和热情联结在一起，带着不妥协的态度、大量的艰苦工作和奉献以及相当程度的无限的决心，去找出一个任务的最清晰的可能解决方案。在与B+G合作的时候，米夏埃尔·舒马赫很重视这个（无疑是独特的）机会，能够"表达未完成的想法"——不成熟的草图、模糊的想法和不完整的措词。他们不会从字面深究每一个词义，而是它大体上的意思并遵从它的逻辑。这个创造性的过程对米夏埃尔·舒马赫来说，是一个"舞蹈过程"：首先他们会在某些方面讨论一个想法，直到一个完全不同的方面突然在这个讨论中成为主导；并且在某些阶段他们会回到最初的想法——当然在这个过程中已经变得更为清晰，并且此时能被阐释得更加准确。米夏埃尔·舒马赫表示，他认为每次与B+G的会议都会留下积极的"一起取得了进步"的感觉。

2001年冬天信息盒子被拆除

7年后信息盒子的"小兄弟"耸立在法兰克福/美因河的西哈芬（2002年～2004年5月，本书出版时，确切的预定拆除时间尚不可知）

作为法兰克福史泰德（Standelschule）艺术学院的研究生，这两位建筑师1986年就已结识了做彼得·库克助教（见第14页）的克劳斯·博林格，作为一名结构工程师，他不会用共知的其他工程师通常的方式摧毁过于大胆的设计，而会用尽责和积极的方式支持学生们。因而B+G成为了施奈德+舒马赫最初工程的可靠的结构工程师；其中有达姆施塔特一个住宅的整修（1989年和1993年）或奥芬巴赫的新幼儿园（1990～1991年）。就在建筑师们因其1992年在施塔德（Stade）的陶器车间项目被授予德国建筑师联盟（BDA）促进奖和北德Holz建筑奖（Holzbaupreis Norddeutschland）不久以前，当然这个工程的结构也是由B+G设计的。另外的获奖励和共同设计的工程包括1996～1998年在莱比锡KPMG（审计、税务及咨询公司）业务咨询的行政建筑（见第126页）；1999年在朗根（Langen）用壮观的管状墙为DHL做的局部改造，2000～2001年在从前的萨克森豪森（Sachsenhausen）集中营建的苏联特别营博物馆1998～2000年在克龙贝格（kronberg）为博朗股份有限公司做的新办公建筑（见第134页）。甚至在2002年一个新版的信息盒子被建成——设想这次作为一个直立的按1：3比例缩小的版本立在法兰克福西哈芬（Westhafen）港口地区：结构设计再一次从B+G的草图板，甚至计算机上开始。

当然，这种特别的合作推翻了不同学科间的典型的合作模式；如米夏埃尔·舒马赫指出的，这意味着边界是开放的。然而这无疑也来自于施奈德+舒马赫十分结构化的建筑语言："我们正在谈论建筑、结构——而承受荷载的结构只是其中的一部分。"结构可能使设计取得一个新的至关紧要的转变；而且，工程师有资格去批评建筑师的设计——另一个独特的特权。其间，建筑师由于他们客户的意愿也和其他工程师合作，而B+G也正与许多别的建筑事务所合作。不过，米夏埃尔·舒马赫说，他总是有首先同克劳斯·博林格和曼弗雷德·格罗曼谈论一个概念性想法的冲动。在信息盒子工程期间，建筑师有这样的选择权：是与他们选择的机械工程师还是结构工程师一起工作。他们选择了B+G。两个事务所合用由施奈德+舒马赫设计的法兰克福西哈芬广场上Bruckengebaude的顶层：这是他们密切关系的另外一个例证。

夜间的信息盒子

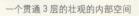

一个贯通3层的壮观的内部空间

与教授克里斯托夫·梅克勒建筑师事务所合作

彼得拉·哈根·霍奇森

从湖岸看到的景象：扩建部分的透明性尊重了康斯坦茨湖美妙的风景，并使亲水成为可能

时至今日，工程师在设计过程中的贡献和作用还没有得到充分的普遍承认。随结构的技术可能性和材料性质的知识范围频繁扩展，建筑师的单独运转——尤其在们高度专门化的世界中——似乎不太可能。尽管如此，工程师——特别在建筑学的论文章中——极为经常地被简化成了一个仅仅是计算天才和纯科学家的角色，连他视野都不会突破技术领域的制约，更不用说具有对美的感受了。当然，工程师工作开展始于初始力学的因素和自然的法则。他会首当其冲地遵守这些法则，而不是出审美的考虑。然而，工程学与科学不同。科学致力于从特定的事例演绎出一般性的法则工程师的设计将应用这些法则针对特殊问题得出解决方案。这样，一个工程师的工并不是局限于对一个自然法则的简单常规应用，而是包括选择、分类，以及与结构有关的问题。然而，在这个方面科研数据的创造性运用等价于艺术活动。这或许会高建筑设计并支持其意图——特别是当一个能干的并且感觉敏锐的工程师参与进来创造性的过程做贡献的时候。毫无疑问，这样就必定要以工程师非常细致地研究建师的意图为前提。否则，工程师的决定会变得武断。放弃无数潜在的解决方案，甚可能严重地危及设计质量。

 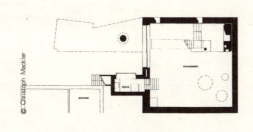 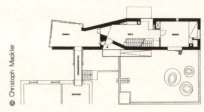

平面图。长条状的新建筑附属于原建筑，仅朝向康斯坦茨湖露出了 m 宽的侧立面

地下室平面图

二层平面图显示了因结构加固需要而设的混凝土框架使走廊变得更窄

与教授克里斯托夫·梅克勒建筑师事务所合作

因此，选择合适的工程师对建筑师来说尤为重要。以法兰克福为基地的建筑师克里斯托夫·梅克勒寻求与博林格＋格罗曼（B＋G）工程事务所合作，是因为这可以促使他的建筑想法更进一步发展并得到更清晰的表达。为了实现这一目的，就需要一个相互激励的合作。而这两位工程师恰恰具有他所需要的能力。与克劳斯·博格一起工作，他完成了位于康斯坦茨的康斯坦茨湖上的居住建筑，威斯巴登 Naspa（assauische Sparkasse 储蓄银行）的步行桥和 KPMG 柏林总部的玻璃屋顶，以上所说只是一部分；与曼弗雷德·格罗曼一起工作使他完成了柏林 Lindencorso 改造项目的玻璃立面。

地点：康斯坦茨

业主：私人

开始设计：1993 年

施工时间：1991～1995 年

容纳空间：500m³

工作范围：概念设计、设计、正式设计、细部设计

项目工程师：于尔根·阿布默斯（Jurgen Aβmus）

宅扩建，康斯坦茨，1995 年

源自 16 世纪的质朴的制酒厂坐落于湖岸上簇叶丛生的地方，它显得既宽大又雄伟，多年来一直居住着一个拥有 7 名健壮成员的家庭。由于地下室非常潮湿，不适于人住，而这个家庭需要更多的空间，因此他们决定扩建一部分出来。它被构想成包含个新卧室和一个宽大聚会房间的场所。对克里斯托夫·梅克勒来说，从城市文脉、神场所和特定的任务开始着手进行建筑设计是很自然的。此外，历史建筑保存规章定保持老的制酒厂的外观不变。这一系列想法统一于建筑师的想法之中。对梅克勒说，这个场所的一个重要方面是从湖上看制酒厂开放的没有遮挡的景观，因为在这侧建筑向公众展现了它的外观。

住宅扩建

对独特的基地条件深思熟虑之后,梅克勒构想了一个结构,它朝向湖的侧立面,非常轻而且克制,并飘浮在埋入倾斜地面的基础之上。扩建部分被构思成一个完全现代的独立结构,并且以一种敏锐的、激动人心的方式与已有建筑相关联。确实从水面上看过去,这个建筑的扩建几乎不显眼,由于感觉的限制它像是非物质的。它被布置成与已有建筑成直角,而不是和它连成一线。通过这种做法,梅克勒对这个地块作出了结构上的解释。朝向湖的侧立面仅有3.5m宽——一个大胆的、几乎没听说过的尺寸。同时,扩建的台阶较之沉重地蹲踞在地面上的老制酒厂的前侧要退后。通过对比的方式,扩建部分甚至没有接触地面,而是浮在一个高的光滑圆锥形的支撑和四个暴露的滚轴支承上;而且很自然地没有高出老建筑的排水坡屋面。

带有悬挑浴室立方体的扩建建筑到处是洞的侧立面

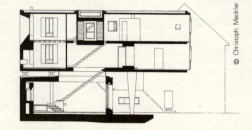

一个水平的2层体量浮跨于一个埋进倾斜地面的立方体的上方,由一个独立支撑和几个滚轴支承托起

如果一个人始终遵循这个自我克制的想法，全玻璃的侧立面给予这个建筑的意义就是非物质化的主张。它使得这个住宅第一次与湖的关系更加密切；过去，那些仅有小开口穿透的厚重的保护性墙体总是将住户局限于其后的内部空间。长条形扩建部分的另外三个立面相比之下具有更多的表现力。在这里，它的独立存在无论哪方面都与老的建筑相匹配。梅克勒寻求一种物质的，或者用他的说法：重新物质化的现代主义，即表面是应具有能被触摸和被感知的品质。这造就了粗浇水浆、振捣浇筑的凿毛混凝土和深深的内窄外宽的窗洞口，还有突出立面并包含浴室的活泼立方体被设计为一个洗涤房。

悬挑的扩建部分支撑于底层架空柱上。简洁的玻璃桥提供了与石砌的制酒厂的连接

前侧的透明玻璃区域

住宅扩建

　　给构想的漂浮体量找到一个合适的结构，从结构上解决相对独立和突出的洗涤立方体的问题；不仅仅在立面上显示出漂浮的印象，而且在内部也完全遵循这样的法——这是对结构设计师最大的挑战。无数的讨论导向了一致的并且有时令人惊讶结果。由于结构自身没有被建筑化地表达，当看到完成后的建筑，人们只能猜测工师的成就。然而，一旦进入内部就会感觉到这个建筑的结构设计；它甚至会强化这空间的品质。例如，从结构观点看，因建筑师想造成一种漂浮的印象，规定了结构支撑需要一个带反梁的钢筋混凝土框架。在室内，这个梁使后部区域与前部临湖的子之间的走廊更加狭窄，并造成了有些奇异的空间交错。同时，从室内往外和穿过个建筑的无数视野似乎穿透了这个狭长的结构。因此，它看起来不怎么压抑而且光以从各处倾泻进来——从各个侧面，从顶部甚至从中间。这使住户产生了仿佛就生在风景之中的感觉。如果结构工程师坚持限定把楼梯做成一个加强核，就不可能实这样的效果。所有这些因素要求在设计进程中有许多步骤，这只有通过建筑师和有造性的工程师的建设性的合作才能实现。

滚轴支承

第二层因结构需要而设的混凝土墙

30

透明玻璃桥是新旧建筑的仅有联系。扩建部分的入口位于前部的平台

在装配期间的独立柱和悬臂梁结构

金属桥构件的装配

Naspa 玻璃步行桥，威斯巴登，1996 年

地点：威斯巴登，莱因街 42～46 号

业主：拿骚储蓄银行（Nassauische Sparkasse），威斯巴登

开始设计：1995 年

施工时间：1995～1996 年

工作范围：概念设计、设计、正式设计、细部设计、现场监督

项目工程师：马蒂亚斯·祖布（Matthias Suβ）

当 B + G 被邀请加入康斯坦茨的居住建筑扩建设计团队的时候，梅克勒已经明确了他的设计理念。因而，他们针对这项工作的态度主要是以一种能符合给定的建筑想法的方式去设计结构。然而，B + G 明确自己的工程师职责：不仅仅是作为建筑师的顾问，而且是他的合伙人。因此，他们理想地从一开始就加入到设计过程，对这个工程来说就是这样的情形。与康斯坦茨的项目相反，在威斯巴登，这个暴露的结构已经成为这个建筑物不可分割的一部分。工程师的手法无疑强化了这个建筑的美学表达。

拿骚储蓄银行（Naspa）已经在威斯巴登的外围购买了一幢建筑。它建于 1991 年，但是由于功能的缺陷，从那时起就一直闲置着。他们委托克里斯托夫·梅克勒把它改建成可以满足 Naspa 总部职能要求的建筑。缺陷是显而易见的：这个建筑的卫生间面积甚至超过了德国工作场所规范 350m²；太阳能玻璃窗吸收了 60% 的日照，甚至在阳光充足的日子里用人工照明也是必需的；这个建筑的流程设计尤其不便。在改造过程中，仅仅将立面做了最小限度的改变。多功能的办公室平面大多调整为新的布局。但是建筑的流程通过一座由梅克勒放入已有庭院中起连接作用的步行桥被彻底地重新安排了。如今步行桥在 5 层的每一层都直接联系了两边先前独立的 H 形建筑部分，取代了原先在一层的内部食堂。

通过支杆连接节点的空间张力的传递　　　　　　　　步行桥带有可调节玻璃百叶窗的透明立面

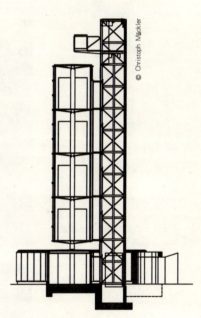

细长的带透明电梯的步行桥剖面

　　从刚开始的时候，这个联系就被构想为一个桥式结构，它看起来不是封闭厚重的，而是一个精致的自重很轻的结构，并且优美地提出了跨越从一侧到另一侧的距离的问题。建筑师和工程师共同推出这样的理念：从这个个别案例的现实看，这两个独立的建筑是非常结实的——从工程师的视点来看，是非常坚固的，他们提出的想法是简单地在厚重的体量之间悬挂这座桥。最初，建筑化的表现设想通过许多拉索缆或网来张拉，甚至更为夸张。然而，负责原建筑的结构设计师考虑到它们的稳定性，建议不应有任何由拉缆产生的水平向荷载传递给它们。因此，一个最小限度的仅仅使用了一些独立的锚固在转角的缆索解决方案被提出来，这也有建筑上的合理性。为了把斜索的荷载水平地传递给步行桥地面板，上部和下部的每对缆索必须支撑在实际悬在空中的支杆上。这个结构上要求的构件就变成建筑上引人注意的细部。接下来的概念性想法是：如果步行桥已经部分被悬挂，那么它仅仅需要立在一条腿上——也就是说，在步行桥中间的独立的柱上。通常，两列柱子被布置在外立面上，尽管在设计方面这常常是很麻烦的。在 Naspa 步行桥的例子中，柱子布置在桥的中轴线上，因而使它成为结构中心线。其结果是一个具有奇特效果的空间。与此同时，柱子的位置有利于立面设计完全独立，其中就包含了用于通风的垂直活动玻璃百叶窗。

立面的雅致来源于与脊椎动物骨架相似的支撑结构设计理念。克劳斯·博林格简化 Naspa 步行桥的结构达到了绝对的最低限度，类似于自然生物的经济尺寸。因此，中央柱被一道纵向的梁连接，并形成了一个稳定的框架。这些梁有悬臂肋，作为楼板的支撑结构。这个可见的结构形成了一个有节奏的空间，而且它的材料与温暖的木质地面形成了对比。可以很清晰地在这里被看到的某种船形建筑的暗示也能在整个结构中被发现。

行桥作为一个新元素置于庭院中并且被受拉索锚固的鸟瞰图

内部有节奏的空间序列

© Dieter Leistner, Wuzburg

Naspa 步行桥的结构从其易于理解的简明中获得了雅致。没有什么是矫揉造作或者纯粹任意的装饰；甚至最微小的细部也有其实际的功用。如同自然界中的形态那样，它总是将遵从必要性而不是设计性作为自己的终点，因此它的美是永恒的，结构在这里也成为了一种美学的愉悦。对克里斯托夫·梅克勒来说，这座步行桥体现了他在自己所有建筑中努力获得的自然品质。

夜色将建筑内部展示了出来

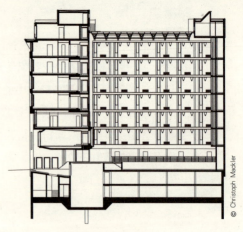

纵剖面及办公室侧翼的全玻璃侧立面

KPMG 总部天窗，柏林，1998 年

地点：柏林一中心，Tauben 街 44～45 号

业主：KPMG Deutsche Treuhand-Gesellschaft AG Wirtschaftsprufungsgesellschaft，柏林

开始设计：1992 年

施工时间：1992～1998 年

容纳空间：30000m³

工作范围：概念设计，设计，正式设计，细部设计

项目工程师：亨德里克·莱英（Hendrik Laing）

    在负责 Naspa 步行桥时，B + G 从初期就参与了 KPMG 柏林总部的设计；结构在这个案例中再一次成为了建筑设计的要点部分。克里斯托夫·梅克勒打算设计一个基本上看不见的天窗。建筑师和工程师协作的结果是：一个非常精致的便于拆卸的天窗形成了，支撑在构件上的保护外皮效果非常好。

    由于以下这些特殊的条件，天窗变得很必要：KPMG 为他们总部选取的地址是一个围墙环围的狭窄地块。这意味着阳光只能从前面和顶部通过庭院进入新建筑，克里斯托夫·梅克勒希望用玻璃覆盖庭院，以创造额外的内部空间，这个空间除了有作为光线来源的功能以外，还可以作为接待室、门厅和多功能空间。

    天窗主要由三种构件组成：缆索像晾衣绳一样横跨在建筑的两部分之间，一个稍微起拱，以利于排水的玻璃顶盖置于其上，而钢支柱在这两者中间。那些几乎看不到的缆索支撑并加固着轻巧的钢结构。玻璃平面上施加预应力的纵向缆索作为加劲构件。一个功能性的特性是它们承受初始的变形但随后中途停止它。玻璃平面由扁钢经波形焊接制成的 T 字形的钢格栅组成，其上覆盖有安全玻璃。支柱的形状引发了建筑师和工程师之间最多的讨论，直到他们最终选择了一种简单的弯管。

    它的简洁确实已经具有感观上的品质。很自然地，如果根本没有放松它们的

带有特别设计的支撑的天窗底视图

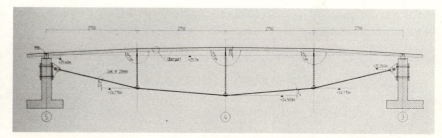

支撑玻璃屋顶结构的缆索细部

功能,支撑的样子可能就完全不同了。然而,正是这种技术上的简化在结构细部上变得很突出,才使得它有助于将建筑师的想像力用一种非常卓越的方式转译成现实。

在中庭另一端的疏散楼梯形成雕塑般的视觉中心

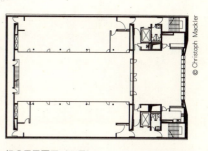

标准层平面图(三层)

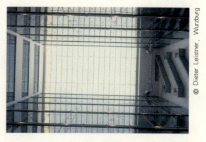

柏林天空的景观几乎没有被精巧的结构阻挡

Lindencorso 商店玻璃外立面

建筑正面的展示标识很明显地漂浮在空中　　由外面看带有十字线结构的2层高的玻璃外墙

地点：柏林，菩提树下大街（Unter den Linden）21号

业主：大众汽车公司，沃尔夫斯堡

开始设计：1999年

施工时间：1999年

工作范围：概念设计、设计、正式设计、细部设计、现场监督

Lindencorso 商店玻璃外立面，柏林，1999年

柏林 Lindencorso 的商店玻璃外立面的新设计再次要求嵌丝玻璃结构，并且希望其不为人所注意。你可以单单想一下投入到结构最小化中的智力成果和创新的程度。结果看起来仍旧是自然的。

1992～1998年，克里斯托夫·梅克勒建造了 Lindencorso 管理和商业中心。它位于历史上曾经迷人的林荫大道 Unter den Linden 与 Friedrichstrasse 的交角上。在这个重要的地段上，他沿袭毗邻建筑，如洪堡大学和太子宫（Kronprinzenpalais）的历史传统，通过由 Elmkalkstein（一种石灰岩）制成的天然石材的实墙立面，赋予了 Lindencorso 一种传统柏林街区的形象。这个石砌建筑使用上的灵活性在1999年的内部改造期间才真正地体现出来。此时，过去在高度细分的底部占据2层的商店让位于柏林大众汽车的分支机构，包括一个2层高的展示厅、一个餐馆和一个儿童游乐区域。作为这次改造的结果，一个2层高的玻璃表皮代替了先前2层商店的立面。设想尽可能模糊内外部之间的边界，而使街道上的参观者尽可能地靠近展示厅中的汽车。

最显而易见的解决办法是一整块的大玻璃。使用如此大的整块玻璃是不可行的。所以，克里斯托夫·梅克勒和 B＋G 寻找一种结构，使其尽可能接近一整块玻璃的想法。这就意味着将这块玻璃分成四部分，并且用最小的支持装置来支撑。

从内部看的正立面：标识被安装在十字线上　　从内部看以十字线固定的玻璃正立面

工程师的主要挑战是四块玻璃相交处中心点的固定，因为这个点支架承受了最大的压力和吸附荷载。最显而易见的解决办法是把这个点支架固定住，例如，通过拉杆固定在顶棚上。极大的荷载将会导致无法接受的巨大断面。最终设计出的结构通过用预应力缆索固定支架的方法轻松地解决了这个问题并使它就位。拉杆的剖面被缩小到这样一种程度，即它们保证满足具有良好透明度的建筑理想。额外的效果是这个结构类似一种十字线——对汽车的标识安装来说是一种最有效的符号体系。现在，由于固定件几乎被十字结构隐藏，它们看起来似乎悬在玻璃墙前面的半空中。

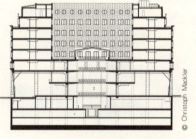

在中央有一个4层高中庭的Lindencorso的横剖面

对建筑师克里斯托夫·梅克勒来说，每一次与工程师克劳斯·博林格和曼弗雷德·格罗曼一起工作都是一次收获。他们两个人都具有一种远远超出基本结构计算的结构设计观念；都具有创造力和敏感性，按照梅克勒的说法是许多工程师所不具备的，而这对推进建筑师的想法是至关紧要的。双方在法兰克福的其他合作有：歌剧院广场的苏黎世高层建筑、海德堡古桥（Alte Brucke）的整修、Merz公司的办公建筑、人类学迈克尔学校、美因河的Dampfumformstation、恩克黑姆（Enkheim）的带有观察平台的屋顶改造和地铁站。在法兰克福以外，他们完成了一个生产车间的改造、位于哈瑙（Hanau）Dmc2的一座行政建筑，以及在厄斯特里希－温克尔（Oestrich–Winkel）的欧洲商务学校的扩建。

与 AS&P－阿尔贝特·斯皮尔及其合伙人合作

克里斯托夫·博登巴赫

12号大厅屋顶上的约束桅杆

　　蓝天组、教授克里斯托夫·梅克勒建筑设计、施奈德＋舒马赫：尽管这些事务所是不同的，尽管他们在建筑和信仰上可能有本质的区别——但他们还是有一个共同之处：最重要的，他们是完完全全的建筑师。而 AS&P 完全是另一种情况。阿尔贝特·斯皮尔的公司不是一个建筑事务所——更确切地说，不是专门的。该公司于 20 世纪 60 年代中期在法兰克福／美因最初成立时是作为一个城市规划事务所的，十几年之后才将建筑纳入其业务中。但是也并不尽如此。即使是对法兰克福公司的网站匆匆看上一眼，也已经相当清晰地展出了其显著的职能：上面写着："AS&P——阿尔贝特·斯皮尔及其合伙人股份有限公司——建筑师、规划师"建筑设计、城市设计、交通规划和过程管理等被列为同等重要的工作领域。在与 B+G 的合作中，这个特殊的成立背景显示了出来。起源于 AS&P 的历史和事务所结构的非常理性且与规划设计相关的方式非常符合结构设计人员的工作方法。此外，B+G 的工程师对设计和形式的兴趣也使得与 AS&P 建筑设计团队已经呈多学科展开的合作变得更容易，为了作为一个团队发展建筑的概念设计，在项目操作层面上的合作很早就开始了。这将会在下面共同设计的五个建筑项目实例中得到证明。

扩建大厅的内部景象：新颖的木质箱形梁板的光滑顶棚；玻璃的带形天窗分隔开了新建的和已有的建筑

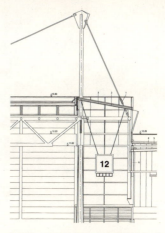

12号大厅通过新旧两部分建筑之间采光天窗的剖面看到新的钢结构

展览会12号大厅，汉诺威，1997年

在位于汉诺威的工程中，建筑师和结构工程师的和谐合作是尤其重要的。在这个为2000年博览会扩建的以AS&P的总规划图为依据的展场上，带有约10000m²展览区域的已有的大厅需要扩建（主要是由于城市规划的原因）。由于展览会之间的建设时间表非常紧张，设计者提出了一个简单的概念：已有建筑首先在一侧扩建一个新大厅，然后再扩建另一边。这个新的钢结构（圆柱上的三角形桁架）还通过拉索和桅杆承受了已有屋顶的荷载，以调整不协调的立面。成果是一个总共27000m²的基本无柱的展览区域。玻璃的带形天窗分隔开了新建的和已有的建筑；分隔墙被尽可能晚地拆除。新建的屋顶由跨度约30m的便于拆卸的木质箱形梁（叠压桁架和多层胶合木板）这一首次被使用的体系组成。它们容纳了所有的机械设备。光滑的顶棚创造了一种宁静的空间形象，而且明显地将扬尘控制到最小程度。这个完全自明性的建筑正为一直以来关于"在已有结构上建造"的争论添加一个新的层面。

地点：汉诺威州汉诺威市，展览区（Messegelande）

业主：德国汉诺威展览公司（Messe AG）

开始设计：1995年

施工时间：1996年4月～1997年2月

容纳空间：210749m³

施工：木结构，Kaufmann Holz建筑工场，罗伊特（Reuthe），奥地利

工作范围：概念设计、设计、正式设计、细部设计、现场监督

项目工程师：古德龙·朱阿拉（Gudrun Djouahra）、马蒂亚斯·祖布、约尔格·施奈德（Jorg Schneider）

ZDF—电视公园的屋盖结构

最初的设计理念

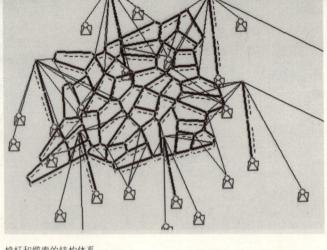

桅杆和缆索的结构体系

ZDF—电视公园的屋盖结构，美因茨，1997年

地点：美因茨－莱齐斯堡（Lerchesberg），ZDF－地区

业主：德国公众电视频道，美因茨

开始设计：1996年

施工时间：1996～1997年

表面积：1400m²

施工：充气垫柯沃泰（Covertex）股份有限公司，Obing

工作范围：概念设计、设计、正式设计、细部设计、现场监督

项目工程师：赫尔曼·科赫（Hermann Koch）、亚历山大·贝格尔（Alexander Berger）

位于公众德国电视频道位置的ZDF是一个圆形的户外区域——非常像一个露天剧场——特别在夏季成为节目的背景，例如Fernsehgarten（电视公园）。为了保证演出和播送可以在恶劣天气条件下进行，ZDF委托这两个法兰克福事务所作为一个联合攻坚组去设计一个伞状结构。鉴于建筑师和工程师都希望保持独特的开放特色，这个新结构有尽可能小地影响已有环境。

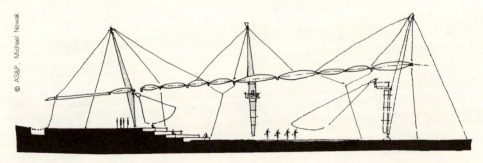

剖面：结构的设计

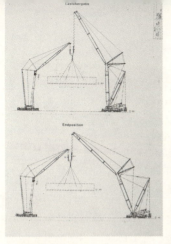

显示荷载传递的略图

整个梁式格架正在由吊车起吊并被安装

在充气垫安装期间的技术工人

因此，为满足尽可能轻质和透明的要求，一个帐篷状结构排众而出。这样，"云"正好浮在场地上空的想法诞生了。它透射大量光线而且没有围蔽空间。一个规则的形状或格子引起的那种"人造建筑"的印象被小心地避免了。作为这个几乎狂热想法的阐释，充气的枕垫被用作了"云"的材料。它们由高度透明、难燃烧的四氟乙烯共聚物 (ETFE) 制成，覆盖着总共约 1200m² 的面积，并分割为不规则的每块达到 25m² 的单元。六根 20m 高的桅杆悬吊着一个由可拆卸的压型排水槽构成的梁式格架支撑气垫，充气垫是用夹固板固定在上面的。这个屋顶的整个钢结构是在地面上被整体预制和装配的。由于它的重量，不得不用几台吊车起吊和安装。另外，这个格架被缆索锚固举升。气垫最大可隆起 1.8m，成片的拱面强化了"浮云"的形象。

不规则的气垫的自由排列产生了一种"浮云"的形象

下部视角突出了梁式格架的轻微倾角

"浮云"上部的景象　　　　　　　　　　梁的断面细部

从下面看由压型排水槽连接成的细丝状结构

整个Europaviertel计划的等角图　　作为地标和新的欧洲纪录保持者的千禧塔

地点：法兰克福／美因,Friedrich-Ebert-Anlage/Guter 街/Hohenstaufen 街

业主：EisenbahnImmobilien 管理部门，德国铁路集团，法兰克福／美因 (Vivico 房地产，法兰克福／美因)

调查研究：1998 年 8 月

高度：370m

建筑毛面积 GFA：204000m²

合作：

地质技术：卡岑巴赫与奎克 (Katzenbach & Quick) 教授，法兰克福／美因

工艺：HL－技术公司，慕尼黑

电梯：雅佩森与施塔格内尔 (Jappsen & Stagnier)，奥伯－韦瑟尔 (Ober-Wesel)

立面：IFFT 卡尔洛托·肖特 (Karlotto Schott)，法兰克福／美因

防火：克林施 (Klingsch) 教授，伍珀塔尔 (Wuppertal)

工作范围：概念设计，设计

项目工程师：约尔格·施奈德

千禧塔，法兰克福／美因，1998 年

很长时间以来，法兰克福一直希望达到顶端。这个美因河岸边的城市是德国（如果不是欧洲）仅有的具有名符其实天际线的城市。金融中心法兰克福作为享誉全球的高层建筑区，也是欧洲最高层建筑之乡。高层建筑——或更夸张地——摩天大楼自从 100 多年前在芝加哥出现以来，已经成为一个魅力的源泉。它们的手法和样式不会让任何人无动于衷；建筑师出身的作家马克斯·弗里施 (Max Frisch) 称之为"在各方面都严格的现代建筑"。没有别的任务可以这样激励建筑师去摘取这颗无比壮丽的星星；没有别的建筑类型是这样紧密和令人难忘地与经济潜能相联系。当不断挑战新高度的时候，欧洲的腹地也不例外。之前"欧洲最高建筑"头衔的标准是诺曼·福斯特 1997 年的商业银行总部；260m 的高度一直使它作为欧洲记录保持者排在完成于 1991 年的赫尔穆特·扬的展示会大楼 (messeturm) 前面。然而，这个由 AS&P 和 B + G 设计的新的千禧塔飞升到了 370m：欧洲范围内新的高度。

在临近 Messe(展览会场地)的基地上，AS&P 正在推进让设计研究在 Europaviertel 地区形成某种类似惊叹号的东西。仅仅因为外形和绝对的高度，这个建筑可能变成美因河上一个新的都市地标。尽管这个塔楼有着异常的高度，但设计者还是实现了一个纯净的玻璃结构，它从底层到顶层（第 100 层）确实没有凹槽或退层，而且被 2 层高的"空中大厅"分为三个相等的部分。在这些空中大厅部位，所谓的悬臂梁担当了支撑，连接核心筒和立面上的"巨柱"。随着高度的增加，可见的结构逐渐减少并且越来越虚化，直到最终褪色成顶端的玻璃膜。两面凸的平面使得塔楼惊人地修

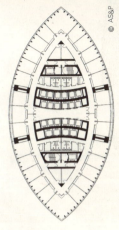

标准层平面核心筒和增强的"巨柱"

长（比值1∶10），导致了一个低的风阻力和最佳的日照条件。这个工程对建筑师、结构设计师以及其他专家在审美和技术上构成了挑战。高强轻质混凝土和钢的混合结构将被使用并依靠先进技术进行减振。一个桩与厚板结合的基础被选定用来控制在法兰克福的黏土和石灰土中的长期沉降。另外还设计了由高度透明的low iron玻璃制成的立面，以抵抗350m高度的风压。

千禧塔的魅力在于纯净简洁的体量外形。它无拘无束地屹立在广场上而且没有任何种类的底部结构与之联系。千禧塔探索着当前技术上的可能性的极限；它的建造将会论证性地树立标准。有一点是确定的："世界最小的都市"的位置（在一个东部扩展的欧洲的腹地）保证了美因河畔巍然高耸的工程仍将在21世纪快速向前发展。

模型：透视效果突出了塔楼侧立面的细长

展览会的扩建

© AS&P

剖面：由新的斜板结构产生的采光良好的大厅内部

地点：汉堡，新展览区 (Neues Messegelande)

业主：汉堡 Messe und Congress 股份有限公司 (GmbH)

竞赛：2002 年

建筑毛面积 GFA：191000m²

合作：
ASP 建筑设计施韦格 (Schweger) 合伙人，汉堡

工作范围：概念设计

项目工程师：霍尔格·特歇 (Holger Techen)

展览会的扩建，汉堡，2002 年

　　另一个不仅仅从结构工程学方面值得注意的例子，是两家法兰克福公司 AS&P、B + G 和"另一个 ASP"——建筑师施韦格与合伙人 (Schweger und Partner) 联合参加汉堡的 Neue Messe 汉堡 (新的展览会场地) 竞赛。他们计划创造一个灵活的、开放的设计来覆盖整个扩建区域，而不是建造独立的大厅。这个团体设计了一个模数化的建筑体系，形成一个创新而连贯的结构。基本模块是一个 20m×20m 的正方形厚板，一个边翘起 4m，并由此构成一个单坡屋顶。四块这样的板片同时围绕同一个中心点旋转倾斜，构成 40m×40m 的主网格支承在角柱上。板片由钢桁架铺以木质箱形梁组成，并且能够大规模地预制。厚板通过在各个角部严格连接构成一个空间桁架，作为全部负荷的承载结构。遗憾的是，这个非常简单的、易于理解的想法仅仅赢得了竞赛评判委员会的认可。然而，设计者如今正期望最好有不止一次机会真正建立这个新体系。

宽大的入口雨篷立面

照片组合：电视塔附近的汉堡展览会扩建方案

与 AS&P－阿尔贝特·斯皮尔及其合伙人合作

从内侧看结构的空间印象

四块组合模块沿着它们的边缘构成一个结构

与一些附加的构件一起，16个模块能够组合构成一个无柱的空间桁架

总平面

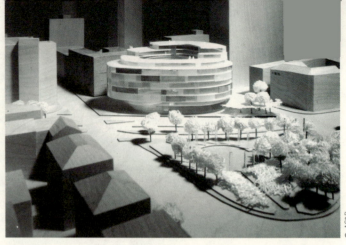

从 Baseler 广场看本方案的模型照片

Baseler 广场的卵形，法兰克福／美因，2004 年

地点：法兰克福／美因，Gutleut 街／
Baseler 广场／Wilhelm-Leuschner 街

业主：BGA，汉堡

开始设计：2000 年

施工时间：2002～2004 年

容纳空间：97840m³

施工：充气垫柯沃泰股份有限公司，Obing

工作范围：概念设计、设计、正式设计、
细部设计、现场监督

项目工程师：亨德里克·莱英（Hendrik Laing）

Baseler 广场是一个在法兰克福南部中心边界的位置极好的广场，而且在城市景观中充当了一个重要角色。由于位置靠近中央车站和 Friedens 桥，巨大的交通流量使花坛都枯萎了。该广场日益变得缺乏任何公共城市空间品质。早在 1998 年，AS&P 就在那里实施了一项旨在重建公共生活品质的城市研究。作为一个最初的措施，这个地块位于两条路之间的部分被开发为一个街区；因而将其背后的建筑同 Baseler 广场隔绝开来。这个以卵圆形居住、商业和管理建筑命名的项目通过合作评估程序被开发了。建筑的创造性外形使其显得很独特，同时成为广场上一个完整的组成部分，并且移动了 Baseler 广场的东部边界。底部两个商业性楼层凹进了大约 5m，在店铺前创造了前廊。同时这也为邻近的在 Baseler 广场的办公综合体 Arkaden（也是由 AS&P 设计的）提供了一个更好的城市环境。

然而，这个与众不同的不规则形式需要特别大量的设计。办公层平面是部分沿着一条走廊，部分沿着两条走廊组织。带有宽敞屋顶平台的公寓呈环形被布置在上部。由于完全不同的楼层平面，结构工程师通过一个梁式承台将公寓与最上层的办公楼层分开。出于建筑设计的考虑，来自上部楼层的荷载没有被设计为通过前廊柱直接传递到地下室上；那样也会妨碍地下的公共服务管线。因此，楼板必须悬挑出 5m。为了实现这一点，使用了预应力钢筋混凝土厚板和特殊的"无粘结后张预应力"技术。这些工程师对这个领域非常有经验，这种方法的应用，使在入口部位悬挑最多达 7m 得以实现，它是一种经济可行的解决方案。入口大厅 2 层高的空间朝中庭完全开敞。中

结构施工过程中的预应力构件

建筑场地的鸟瞰景象，2003年9月

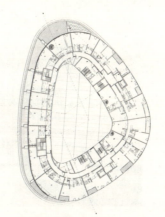
标准住宅平面

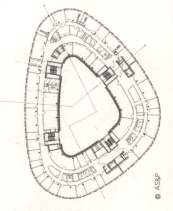
标准办公平面

与AS&P—阿尔贝特·斯皮尔及其合伙人合作

朝向wilhelm-Leuschner街的弯曲立面

Baseler 广场的卵形

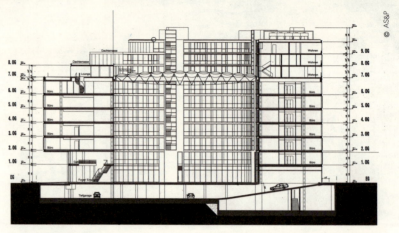

建筑与中庭屋顶的剖面

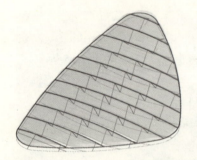

充气屋顶结构

V形杆和安全缆索的连接

缆索夹具的细部

庭上的屋顶使工程师们面临另一个问题：如果顶窗的玻璃片自身没有被构架支撑，它将被限制在最大1.5m的支承分格之内。结果就会有一个减少透明度的笨重的下层结构。为解决这个问题，工程师在中庭上部设计了一种类似由已ZDF－电视花园工程成功使用的充气垫制成的天窗。为了改善夏天的日影，这些气垫分为多个层次。气垫与复杂的空气动力学相结合，可以产生不同压力的隔层。改变压力可以鼓动中间层推动表层。通过在这两层印刷图案，阳光传递和穿透中庭的阳光获取可以得到控制。气垫有25m长、3.3m宽，由细长的圆钢拱支承。这些拱被V形杆和偏位的拉索加以支撑。如果一个气垫失效，横跨主要结构轴线的安全缆索会支撑杆状体的基点来增强这个结构。

同时显而易见的是广场在东部如愿朝向新建筑开敞。从中央车站到美因河使用卵形建筑与相邻街区之间步道的步行者们将会证实这一点。

除了这五个叙述过的工程，还有更多的工程，如1995年在莱比锡的Ostplatz-Arkaden、1997年在柏林-阿德勒肖夫（Adlershof）火车站的月台屋顶设计、1999年在弗勒斯海姆（Florsheim）的一个幼儿园和小学、2000年在哈特斯海姆（Hattersheim）的另一个小学、2001年在美因茨的西德意志不动产银行或者法兰克福机场新空中客车飞机库的竞赛，它们都是AS&P和B＋G之间广泛合作的很好的实例。尽管有所差异，但也有共同的特征："AS&P－阿尔贝特·斯皮尔及其合作者股份有限公司－建筑设计师、城市规划师"正在作为一个工程学和建筑学的联合体发展他们的建筑；建筑设计是众多内容中的一个。工程师B＋G是从功能的

带拱形的中庭屋顶　　　　　从上部看中庭屋顶

观点设计结构的，但他们仍然真诚地赞同优美和雅致。两个事务所都喜欢试验新的材料和结构。

简而言之：AS&P 不（仅仅）像建筑师，而且像工程师那样思考；B + G 不（仅仅）像工程师，而且像建筑师那样思考。他们都把自己当作是设计师。可以说，这造就了这个特殊的正在进行的被双方重视的合作的基线：更多的成功工程的一个极好的基础。

与蓝天组合作

彼得·卡克拉·施马尔

UfA Palast 充当了布拉格(Prager)大街居住建筑、GDR—圆形电影院和一条主要道路之间的城市纽带

© Gerald Zugmann, 维恩, 维也纳

1994 年在赢得德国的大型竞赛之后,维也纳当地的建筑事务所蓝天组开始寻找一个创造性的德国工程学事务所。1988 年在纽约 MoMA 展览的"解构主义建筑",1992 年在巴黎蓬皮杜中心的专题展览以及几次在威尼斯 Biennale 的引人注目且激动人心的设计,都使他们世界闻名。新闻界给了他们"建筑坏男孩"(Spiegel 杂志)或者"建筑摇滚"(Der Standard 杂志)的头衔。然而,在那时这个围绕沃尔夫·D·普里克斯(Wolf D. Prix)和赫尔穆特·斯维金斯基(Helmut Swiczinsky)的建筑师团体,除了一些酒吧、在 Falke 街(维也纳)的屋顶改造和一个奥地利卡林西亚州(Carinthia)的工业建筑之外,几乎没有建成什么建筑。按照彼得·库克的建议,普里克斯与克劳斯·博林格取得了联系。

1993 年在一个城市概念竞赛中,蓝天组发展了 Prager 街,前社会主义者的德累斯顿主轴线的计划,并且被委托为令人印象深刻的 Runkino(圆形电影院)[1972 年由建筑师科莱克蒂夫·格哈德·兰德格拉夫(kollektiv Gerhard Landgraf)、瓦尔特兰德·海施克尔(Waltraud Heischkel)设计]做一个扩建。项目经理汤姆·维斯科比(Tom Wiscombe)记得与博林格 + 格罗曼(B + G)的合作从最初就是富于高度创造力的。那时这些工程师还带着他们的笔记本电脑来访,用结构软件 R—Stab 检查用建筑师的模拟模型生成的造型的结构表现。直接在模型上改进,进行"酌情解决",可在"实时"应力分析中被检验(大约花费半个小时)。如今,模型被一台数字化仪扫描,生成的 3D 数据再被 Form—Z 软件进行合理化并改正,然后图示的 2D 数据被反馈到模型。使用 Rhino 软件,上述过程的持续反复产生了一个数字化 3D 模型。所有参与者——建筑师、工程师、顾问和承包商——可以通过将模型

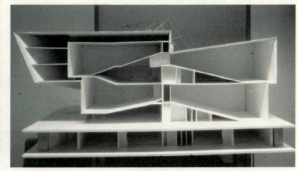

晶体的形状是由模拟模型的方式生成的　　　　　剖面模型展现了观众厅实用的层叠关系

的片断输出到标准CAD或其他程序之中，使之用于进一步的（即使很遗憾，常常仍旧是手工）修正。不仅是这种数字化工作流程的新方法，而且是这样不寻常的密切深入的合作才使得两个事务所紧密结合。B+G的团队常常持续数周在建筑师的办公室里工作；2003年工程师们还在维也纳开设了一个事务所分支机构。此外，自1994年以来，克劳斯·博林格像沃尔夫·D·普里克斯一样，成为了维也纳实用美术大学的正式教授。

UfA-Palast Cinemax中心在1998年完成之后，开始着手进行在墨西哥瓜达拉哈拉的引人注目的集文化、会议、商业、体育和旅馆于一身的JVC地区中心的设计；许多国际上著名的建筑师参加到这个以TEN Arquitectos的规划意图为基础的工程中来。蓝天组负责城市休闲中心。为此，他们和B+G一起建立了一个当地的事务所——Himmelblau Mex S.A. de C.V.，目的是"研究场地、心理和气候。"普里克斯（Prix）这样说。在1999～2002年之间的设计过程中，职员的数量上升到30人，包括来自维也纳、洛杉矶（自1988起蓝天组有一个分支机构）、法兰克福／美因的雇员以及当地的建筑师和工程师。在瓜达拉哈拉的那段时间成为"我们事务所最高产的时期之一"。普里克斯道。"博林格+格罗曼提出了使JVC屋顶变形的想法，这是我们第一次使用力场作为一个造型的设计要素。"这个墨西哥办公室的团队受到这个新的屋顶通过虚拟力变形的设计新方法的鼓舞，后来它也被用于一些国际竞赛。直接成果是美国俄亥俄州阿克伦城艺术博物馆的在仅有的一个支撑上的屋顶、慕尼黑BMW世界的云状屋顶和法国里昂节点博物馆（Musee des Confluences）博物馆的高架层云建筑。这三个方案都获得了第一名，得到委托并在不久的将来开始施工。随后更多合作的竞赛接连成功，

地点：德累斯顿，布拉格大街／圣彼德堡（St.Petersburger）大街
业主：UfA 剧院AG，杜塞尔多夫
竞赛：1993年
施工时间：1996年～1998年3月
容纳空间：53725m³
施工：
混凝土：比尔芬格·贝格尔（Bilfinger + Berger），弗赖堡
玻璃立面和钢结构：帕吉茨·梅塔尔帕奥（Pagitz Metallbau）股份有限公司，弗里萨赫（Friesach），奥地利
工作范围：概念设计、设计、正式设计、施工图
项目工程师：理查德·特勒伦贝格（Richard Troelenberg），古德龙·朱阿拉（Gudrun Djouahra）
奖励：
2001年，欧洲钢结构奖
1999年，贝通建筑奖（Architekturpreis Beton）

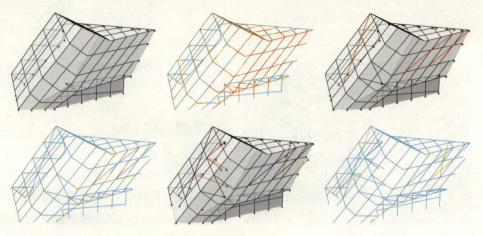

逐步改进的晶体结构的系统略图和受力轨迹

例如2003年丹麦奥尔堡（Aalborg）的音乐厅、2004年亚美尼亚埃里温（Yerevan）的Cafesjan现代艺术博物馆和法兰克福／美因的欧洲中央银行(ECB)新总部见第212页）。

UfA-Palast，德累斯顿，1998年

在城市设计方面，建筑师在布拉格大街和繁忙的圣彼得堡大街之间的基地上退后圆形电影院50m的回应是明智的。他们将观众厅设在街道的一侧并且调整主入口正对着布拉格大街。为了控制在通常的Cinemax中心的预算之内，这个案例中建筑的造价为2600万欧元，建筑师提供了从大厅到所有观众厅的中央通道。他们简单地相互堆叠了八个观众厅，横跨在两片平行的相距18.5m、相互隔离的外露混凝土厚板之间。以倾斜的看台折板结构下的梁作为支撑，这是一个清晰的结构概念，它的不加整饰的建成外观令人印象深刻。更多的建筑元素将大厅营造得错综复杂：其中，一个楼梯由拉索自由地悬吊，另外还有两个塔状建筑特征的混凝土结构和用钢索悬吊的具有蓝天组特色的双锥体中的空中酒吧。它们被包围在棱角分明的、倾斜的、不规则的、钢和玻璃的"晶体"之中，因此这个不加修饰的建筑被昵称为"水晶宫"。在白天这个晶体的外型看起来是粗糙突兀的，到晚上内外部的边界就消失了。引人注目的内部与周围环境的融合将游客变成城市舞台装置的一部分。由于现实中每平方米的空中占地较之建筑占地可以实现低得多的花费，设计师尽量缩小底层面积，而尽可能增大剧院和休息厅的悬挑体量。根据之前描述的结构设计过程，主结构的尺寸以及随之而来的用钢量可以最小化，这导致了进一步的节约。成果是一个混合的、不分主次的结构，它通过支杆和拉杆悬吊在一个30m高的混凝土的几个关键点上。而且尽管这个结构拥有最

现场照片显示了用支杆和拉杆将复杂的钢结构固定在塔上

晶体的钢结构安装和观众厅的混凝土浇筑

复杂的楼梯构成是通道的一个功能性媒介，也是空间场景的一部分

起初，这个不加修饰完成的建筑的外观让许多当地居民难以理解

高达 30m 的惊人跨度，却是由截面仅为 200mm×300mm 的中空钢组成的。与奥地利专家帕吉茨·梅塔尔帕奥（Pagitz Metallbau）合作开发的大小为 2.600m² 的梁柱立面结构安装间距为 200mm。令许多观察家惊愕的不仅是短短 12 个月的建造时间，而且是如此有争议的现代建筑在这个"易北河上的佛罗伦萨"全然被允许，以及对它的通过如此喜悦和自在这一事实。

白天这个倾斜 60°的晶体显得有些冷淡

晚上这个晶体呈现出它侵入城市环境的动人的美丽

最初的设计版本是基于一个平屋顶和一个特别的悬挑云状物的想法　　空间印象的模型

JVC 城市休闲中心（UEC），瓜达拉哈拉——墨西哥，自 1998 年

地点：JVC 中心，瓜达拉哈拉，哈利斯科州（Jalisco），墨西哥
业主：Omnitrition de Mexico S.A. de C.V.，瓜达拉哈拉，墨西哥
设计：1998～2002 年
建造时间：2007～
建筑毛面积 GFA：293730m²
工作范围：概念设计、设计
项目工程师：约翰内斯·利斯（Johannes Liess）、古德龙、朱阿拉

　　一旦被完成，这个 UEC 将会是来自维也纳的建筑师设计的最大建筑，它由一个 280m×240m 的无遮挡空间、75000m² 的楼面面积，外加一个面积 50000m² 的 4 层的地下车库组成。尽管起初有些施工问题已经在 1999 年开始了，但至今在 JVC 中心 240hm² 的基地上除了一个 100m 高的墨西哥国旗旗杆外，什么都没有。"Mas o menos manana"，正如普里克斯所获悉的那样。在 2004 年 2 月的一个植树仪式上，足球场和会议中心的工作被宣告于 2004 年 9 月启动；UEC 的开始日期目前是 2007 年。对蓝天组和 B+G 的联合团队来说，大部分工作已经做完了；设计已经定案并且已经与墨西哥当地的合伙人进行了协调。

　　由于当地的劳动力成本与工本花费相比低得多，为了适应当地的建筑方式，施工图进行了调整。根据当地的习惯，将用带现浇聚苯乙烯泡沫块的"双向密肋板"代替普通无梁楼板，以减轻材料的重量和用量。钢结构在现场焊接，而不是在工厂预制组装。使用现浇混凝土取代预制混凝土构件——毕竟，自从坎德拉（Candela）的薄壳混凝土结构之后，复杂的模板工程已经很常见了。

　　由于酷热，居民希望待在荫凉下，中欧设计师对日照的强烈渴望不得不被重新评估。现今墨西哥的公共生活发生在有空调的商业街。不需要大型的广场。最初，在 27m 高度上跨过整个综合体的屋顶被设计为一个产生强烈光影效果的钢格栅。工程师们依景 R-Stab 软件在一个雕塑化的数字模拟程序中将屋顶变形。这个程序遵循虚拟

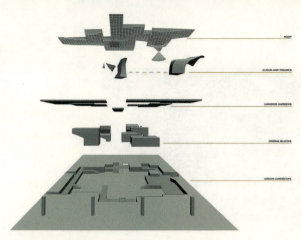

整个综合体的分解视图

漏斗状物成为了有数的支撑之一,并构成反相的双锥

的重力,此力与屋顶覆盖下的体量的尺寸相符。结果"一幅倒置力场的风景画"非常有机地、起伏不平地被塑造出来,并提供了阴影。在这个程序中,那个颠倒的屋顶景观与雕塑般的屋顶支撑相融合。最引人注目的元素——便于拆卸的休闲空间的云状顶适宜于当地的气候。如今轻快的钢-玻璃结构将要在人工湖上空60m处由一个混凝土基础撑起。突降暴雨是当地气候的较不寻常之处。因此,为了避免屋顶结构过大,屋顶必须是透水性的,而且水量必须被暂时储存。在巨大的遮阳屋顶下面的一个下沉广场被用作通往地下电影院、商业街和地下车库的入口。宽大的梯段和休息平台向下通至那里,广场设计得很时尚,一场疾雨之后,其中的很大一块面积变成了室内池塘和湖,即所谓的石头水池。

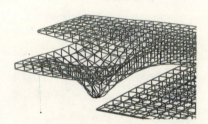

变形漏斗的钢结构

屋顶平面的变形提高了它的雕塑感和结构质量

在瓜达拉哈拉环境中的UEC的照片组合

阿克伦艺术博物馆

这个透视图展示了在俄亥俄州阿克伦城一个主要十字路口上的屋顶突出的悬挑翼和现有建筑

地点：美国俄亥俄州阿克伦城，市场东街 70 号

业主：阿克伦艺术博物馆，美国俄亥俄州阿克伦城

竞赛：2001 年

建造时间：2004～2006 年

建筑毛面积 GFA：7440m²

合作：
当地建筑师：Van Dijk Westlake Reed Leskosky，俄亥俄州克利夫兰
当地结构工程师：DeSimone 咨询工程师，加利福尼亚州旧金山

建造经理：韦尔蒂（Welty）建筑有限公司，俄亥俄州阿克伦城

工作范围：概念设计、设计

项目工程师：约翰内斯·利斯（Johannes Liess）、赖因哈德·施奈德（Reinhard Schneider）

阿克伦艺术博物馆，俄亥俄州阿克伦城，美国，2006 年

你怎样能让屋顶飞起来？这是来自维也纳的蓝天组的建筑师们"天空建筑者"不断回归的主题之一：它有力地反映了尽可能减少柱子的建筑愿望。这个美国博物馆扩建面临着如下挑战：一个与波音 747 一样长的屋顶怎样仅被一个柱子支承？屋顶伸出到街道上面并越过已有的建筑被全城的不同视点看到，特别是沿着路经这个地块的两条主要道路。有限的 1500 万欧元的建设预算被分开：建筑的一个部分被用一种非常注重实效的方法处理，以便能在另一设计得较为精细的部分集中开支。在这个案例中，展览空间被塞进几个简单的、没有采光的盒子里并严格遵守业主的指示，而较高的屋

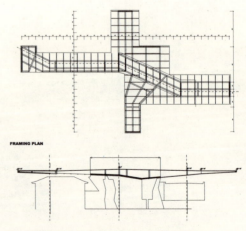

用于当地招投标的屋顶钢结构施工图

60

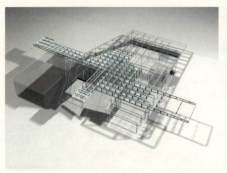 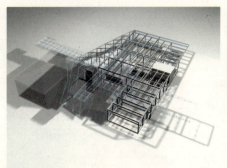 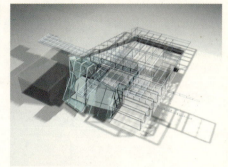

悬挑屋面钢结构表现图　　　　　　　　　展览盒子的结构表现图　　　　　　　　　用作休息厅和报告厅的晶体的表现图

顶和像晶体一样的玻璃大厅将较为复杂。这个晶体，较之德累斯顿的是更为先进的版本，包含如报告厅、图书馆和咖啡馆等的全部公共功能。屋顶主要由一个中心柱支撑。在设计过程中，这个柱变成了一个向下的尖钩，容纳了休息厅里惟一一个完全封闭的空间，并与变形的悬挑屋顶翼的底面相融合，除了这个钩，其他的支撑是电梯井和玻璃屋顶的两个点，这些支撑或多或少位于屋顶结构的中心。这些翼由焊接中空钢部件制作，并且伸向道路。它们悬挑超过了40m，成为俄亥俄州的一个记录。工程师们通过将悬挑末端设计为可渗透的梁式承台实现了这个惊人的结果；这个范围的雪荷载可以被减少。另外，这些翼轻微地向上弯曲并被缆索固定在地面上，这形成了一种良好的变形和摆动的情况：预应力代替了来自下部的支撑或者说"张力代替了压力"。

Mittlerer 环的 BMW 世界的位置与奥林匹克公园、奥林匹克村、BMW 工厂、博物馆和大厦相邻

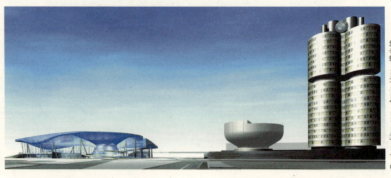

BMW 建筑竞赛的表现图

BMW 世界，慕尼黑，2006 年

地点：慕尼黑，Georg-Brauchle 环 /Lerchenauer 街

业主：BMW 集团，慕尼黑

竞赛：2001 年 7 月

建造时间：2003 年 8 月～2006 年

容纳空间：470000m³

合作：
正式设计和地下层的施工图：施米特 (Schmitt)、施通普夫 (Stumpf)、弗吕奥夫 (Fruhauf) +合伙人，慕尼黑

施工：
钢结构工作：阿尔格·毛雷尔·泽内 (Arge Maurer Sohne)，慕尼黑
玻璃立面：加特纳 (Gartner)，贡德尔芬格 (Gundelfingen)

工作范围：概念设计、设计、正式设计、细部设计、现场监督

项目工程师：约尔各·施奈德、理查德·特勒伦贝格（地下）

　　这个在 Mittlerer 环的竞技和销售中心面对着京特·贝尼施 (Gunter Behnisch) 设计的奥林匹克综合体，并与卡尔·施万策 (Karl Schwanzer)（也是一位来自维也纳的建筑师）设计的 BMW 的"四个圆柱体"大厦和 BMW 博物馆相邻，给人留下深刻印象是由于其引人注意的多功能"市场空间"上面的大屋顶的想法。总共 2/3 的屋顶面积，即 68000m² 被置于地下。宽大的内部空间的核心区域是小轿车聚集区，从这里顾客可以选出他们的新车，然后直接开回家。由于 200m×120m 的极端尺寸，云状的屋顶不仅由双圆锥，而且由八个雕塑化的混凝土柱和五个核心筒来支承。巨大的玻璃双圆锥地面直径 35m，"腰部"为 20m，与云状结构融合在一起。和 JVC 屋顶的案例一样，这个屋顶也由通过程序获得的虚拟重力变形；这次变形向下扩展了很多，部分项目如休息室和行政部门可以在好几层的变形屋顶内部布置。25m 高度的屋顶格架的上层梁就像垫子一样轻微地隆起，并且安装了太阳能电池。

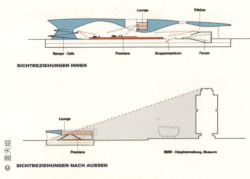

室内和朝向 BMW 大厦的视觉关系

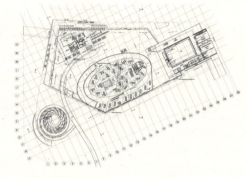

二层的正式设计平面图

云状屋顶的纵向表现图

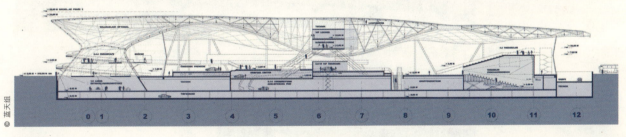

纵剖面

模型的室内全景

与蓝天组合作

下层通过许多连杆与上层连接而形成一个空间结构。对这个设计的每一个外部的改变都影响整个体系,这是结构设计过程中对工程师的挑战。更大的挑战是13500m² 玻璃立面的设计,建筑的考虑是尽可能透明和无柱。修改后的梁柱结构将被折叠,使没有任何结构接缝的屋顶可以竖向移动。这个建设费用13500万欧元的工程是这两个事务所迄今为止合作的最大最复杂的工程。

云状屋顶下的室内模型

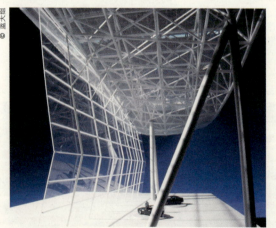

立面结构模型

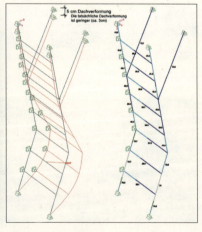

立面结构的变形轨迹

与蓝天组合作

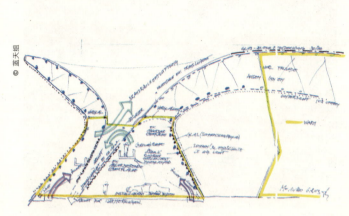

双圆锥的工作草图（设计阶段）

双圆锥钢结构的工作模型

被缩短而波形更为起伏的屋顶纵剖面

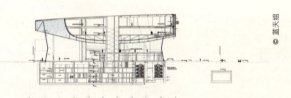

横剖面显示了在云中被扩大了的建筑体量

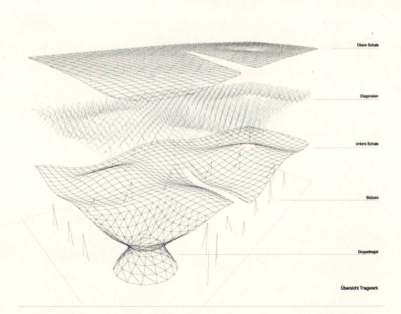

云状屋顶结构构件的索引

节点博物馆

河畔的建筑表现图——概念设计

晶体入口模型

地点：里昂，Presque-Ile，法国

业主：Departement du Rhone，里昂，法国

竞赛：2001年

建造时间：2005～2007年

建筑毛面积GFA：20600m²

合作：

施工图和现场监督：Arcora, Paris&Khephren, 巴黎，法国

工作范围：概念设计、设计、正式设计、投标、工作管理

项目工程师：古德龙·朱阿拉、露尔格·特歌

节点博物馆，里昂，法国，2007年

设计阶段常常会有预算削减，为了挽救一个工程并且保留原想法，就必须创造性地去解决它。这次，文化因素与其他工程相比有所不同。迄今为止，极少外国设计师可以得到法国设计文化的经验。结果是，由于结构钢加倍的花销使得无梁楼板建筑在法国行不通。然而，在罗讷河和塞纳河交汇处的里昂田园般的Presque-Ile，这个充满的"晶体云"的博物馆建筑的概念设计是建立在一个巨大的钢格架的基础上。因此，这个"云"的结构只能全部用混凝土重新设计。结果变成了一个不规则的交错着的结构墙体网格。同样地，尾部巨大的35m悬挑受到抵制，工程师就不得不极力对之加以保护。由于预算限额是6000万欧元，体量通过减少顶棚高度艰难地被缩减了，并且地面以上的立面不得不降低了0.5～9m。这个面对城市的晶体容纳了一个漏斗，它成为钢结

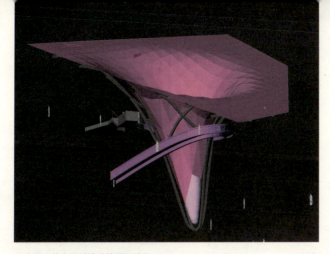

围绕漏斗的半圆形坡道的醒目结构

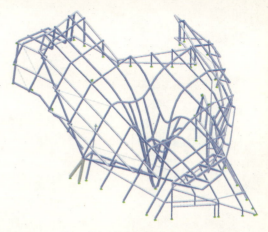

由 450mm×250mm 的中空构件组成晶体的钢结构

与蓝天组合作

漏斗和半圆形坡道的设计模型

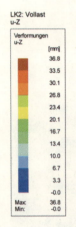

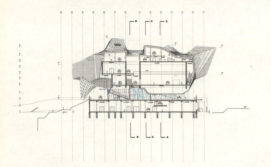

显示了两层高的展示空间的横剖面

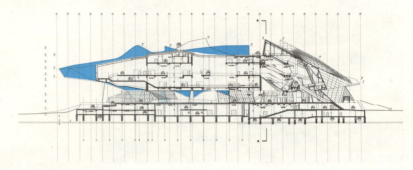

显示了悬挑和晶体的纵剖面

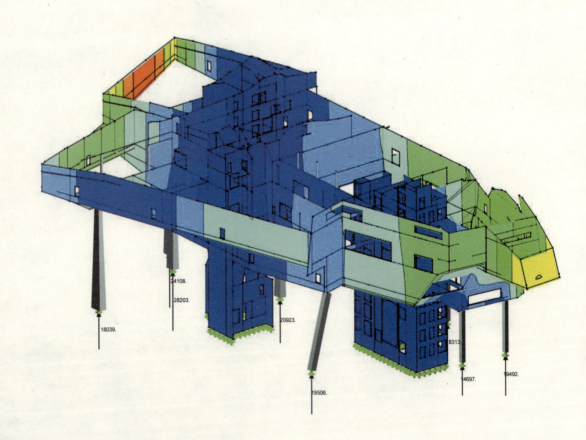

墙体结构的有限元分析

构的一个重要组成部分,而且在较低的部分完全由变形的树脂玻璃构成。100m×70m 大的"云层"——相对黑暗和意图神秘——在外面将完全被磨砂菱形的不锈钢面板覆面, 而且在极度折曲的地方又被分为三角形。三个坚固的核心筒和许多雕塑感的柱子支承着它。在里昂,漂浮着的墨西哥遮阳屋顶的主题转变为一个在河畔跳跃着的银龙。

在建筑中心起伏扭曲的"云"的"发源地"
© 蓝天组, Markus Pillhofer

带突出的观察平台的纵向模型照片

设计修改后的河畔的建筑表现图

与伯恩哈德·弗兰肯合作

安德烈·夏扎

建筑师与他们的顾问的合作或者协作是他们的工程成败的关键所在。在这种关系中较为突出的一种就是建筑师和结构工程师之间的关系,因为用来实现建筑设计的结构体系对所完成建筑的外观和空间品质可以有如此重要的影响。从无柱空间的尺寸和悬挑屋顶或楼座的宽度,到地板的表观厚度以及栏杆的视觉魅力,一切都极易受到建筑师和结构工程师之间达成理解的质量的影响。就这个工程的情况而言,它在一个或更多的方面不平凡而且相当有创意,这种理解的质量就更为必要。

博林格+格罗曼(B+G)工程师在他们与建筑师伯恩哈德·弗兰肯的合作项目上所做的工作证明了一种高度的理解和理性的心灵交流,同时也通过一连串合作证明了这些工程师在与其他建筑师合作过程中已成功应用的方法(尽管可能不这么集中)。好的成果的实现当然不仅归功于工程师的个人能力,而且归功于对建筑师的进程易于接受(或受其推动)。这一进程使得合作尽可能硕果累累。这或许归功于他们与弗兰肯的公司的合作一直非常和谐。通过分析他们在三个工程——"水泡"和BMW"流体"展览厅以及慕尼黑机场的"起飞"雕塑——的合作细节,我们将尝试去理解这种合作进程中的关键要素。

为了开始理解B+G成功的特征和意义,有必要去回顾表现工程师-建筑师合作事务的一般情形,从那里,真正的成功赫然显露。通常情况下,应对在一个建筑项目中出现的情况,工程学解决方案常常在某些方面与建筑学不一致。其原因可能很多而且各不相同。其中之一仅仅是因为工程师对建筑师设计意图理解上的欠缺,这本身可

2000年在慕尼黑第二次装配期间,作为一个博览会展览的部分,气泡用作一个俱乐部兼休息室

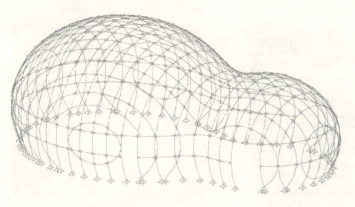

结构工作情况的 3D 模拟　　　　　　　　　一根肋材的施工图

Spant LJ1 - Übersicht
Ansicht von Achse A zu Z
Positionierung

与伯恩哈德·弗兰肯合作

能又有从所受教育到个人爱好等多种原因。另一个重要的因素是创新精神。此外，许多事情可能影响到它的存在与否，即使具有创新的才能，反对冒险的人也可能阻止它的施行。当然，基于时间和金钱的考虑也不能不理会，这要求相当多的商业敏感去平衡承担不熟悉的任务所需要的努力和保持偿付能力的需求。这样，它要求一种特殊的除好奇心、乐观以及必然的知识和技能之外的奉献，来支持建筑师的奇形怪状的方案或者为了探索和实现新的解决办法而避免标准的、常见的工程学解决办法。最终这些考虑可能被总结为依靠工程师个人对成功的定义（或许仅仅是内心的、不清晰的）。由于他们将个人的成功视作源自对符合安全、进度和预算的建筑师设计意图的最大的（尽管不是无疑义的）支持，因此这个项目的结构工程学就成为了其建筑的一个完整的、天衣无缝的方面。

两个即将融合的水滴是这个气泡设计的起始点

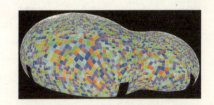

有限元分析检查这个壳体的结构工作情况

对形态抛光及优化

为了双曲面板材的制造，用CNC机械在聚氨酯泡沫上加工模具

为了表面的光亮，丙烯酸材料被使用。加工好的模具用于定型受热板材，使它们达到所需的双曲面形状

在法兰克福广场的展览会场地上安装开始：边梁被安装在地面板上

BMW气泡，法兰克福／美因，1999年／慕尼黑，2000年

地点：
1. 法兰克福／美因，IAA展览场地
2. 慕尼黑，交通博物馆(Verkehrsmuseum)，勒吉安维塞广场(Theresienwiese)

业主：BMW公司，慕尼黑

合作：
ABB建筑设计，法兰克福／美因

建造时间：
1. 1999年1月～1999年9月
2. 1999年12月～2000年6月

尺寸：24m×16m×8m

建造：
帕吉茨·梅塔尔帕奥，弗里萨赫，奥地利

工作范围：概念设计，设计，正式设计，细部设计，现场监督

项目工程师：哈拉尔德·克洛夫特(Harald Kloft)

　　B＋G与伯恩哈德·弗兰肯的第一个合作项目是一个相对简单的工程，但它的重要性在于除了提出其自身的挑战性，还以合作的方式来布置基础，并且解决得很成功。这个用于BMW的展览亭的基本形式由建筑师定义为两个相交的球状体，还被他们描述为两个即将融合的水滴。这个亭子还需要高度透明和一定的抽象，至少像一个建筑而不是像一辆小轿车，或者雕塑。这些要求导致了对曲面玻璃的选择，或者——如果最终预算允许的话——外表面用丙烯酸树脂。那么，工程师主要的任务是设计一种方法可以支撑这样一个表面，而又不过分妨碍或遮蔽其形状和透明度。

　　建筑师和工程师就一个新工程合作的关键时刻的出现是在工程师确定，或至少在内心建立了一个能指导工程工作的概念方案的时候。在通常情况下这个方案与建筑设计概念方案不完全相同，但是这在本质上说未必成问题（请注意在通常的工程案例中，这种对概念的细察和调和难得很清晰，因为所有成员都对制约和结论非常熟悉。如此看来应归咎于效率，更归因于对正规训练的自满）。其实，最重要的事情是建筑设计和工程学概念相容，这就意味着一致和矛盾并存。矛盾达到一定程度，就应当在设计者之间明确地讨论并以某种方式将其消化掉，这为设计过程后面的阶段提供了积极的指导。在实际情况中，这个"气泡"工程主要的特点是概念之间的一致——与"流体"相反，我们将在后面分析它。

铝肋正在被调校并正交连接　　由于铝不宜焊接，整个结构用螺栓安装　　10mm 厚高强丙烯酸板材的安装，这 305 块板面均为定制

"气泡"的工程学分析最初将表面完全可以成为结构的想法作为其指导方针。这是一个奇特的想法，兼具前卫和传统、新颖和保守，全在于你参考的标准。例如，在传统砖石建筑中，表面和结构的一致性是很平常的事，但是在过去的几十年间结构和表面（或"外皮"）的分离已经变成了标准。与这个趋势相左是发生在 20 世纪中期的对壳体结构（通常是混凝土，也有用木材、金属和其他材料）的兴趣爆发，但是这些主要是工程学促成的形式，其前提是表面的形式应充分发挥结构性能。这些最终因失败而被放弃，在一定程度上是由于经济力量，但也是由于某种对完成形式的可预见性所致，它限制了建筑设计表达的范围和有计划的改进。然而在这里，B + G 作出了一个重要的概念性飞跃：壳体不必充分发挥结构性能，而只需按这样的方式去设计：即拆卸安全、经济和可施工，并且满足建筑设计和其他多种要求，其自身可能不支持结构优化。这里的这种主动从事有益的妥协实际上是用厚度换取灵活，我们可以称之为"无观念学的工程学"。

计算机辅助的工程学分析确切地显示了建筑师提出的形式可以被压缩成一种壳体结构的装置，用来抵抗可能施加其上的各种荷载——甚至包括在一种几乎完全装配好的状态下由于用直升机将"气泡"从制造设备上运输到展示现场而产生的力，这在设计过程中的一个阶段被考虑过。确实，这个形式不是最理想的，导致了在"水滴"之间过渡部位的应力集中，但是当在这个工程的整个环境下进行考虑时，工程师们却认为这不是特别重要的。于是，这个造型的制作是这样进行的: 通过用计算机数字控制 (CNC) 机械在聚氨酯 (PU) 泡沫上加工模具，加工好的模具用作定型受热丙烯酸板材，使它们成为所需的双曲面形状。将这些片材组装成为连续的、光滑的"水泡"形式是在一个胶合板切成的肋的木质加强材料的帮助下实现的，它也是由 CNC 在设计文件中的数字化数据切割的。在工程的下一个阶段，当困难出现的时候，它的存在提供了灵感。

随着将独立的、弯曲的丙烯酸板材组装成为壳体形状的进展，很明显它们的安装没有产生所需要的平滑的表面。由于离这个亭子要求的交付日期仅剩很少的时间，需要一个对这个问题既快速又实用的解决办法。在这个阶段，B + G 的工程学才能的另一个重要方面开始起作用，也就是: 思想的灵活性认识到另一可替代的结构体系是可行的，它仍然合理地与建筑师的想像相适应。通过将"气泡"造型重新分析为在表面组件之间连接部位的肋框架（就像过去临时使用来帮助装配那样），他们指出这个结构可以用铝肋材建造来承担主要荷载，并且用丙烯酸表面组件使其稳定。

门框外肋结构的切割

门由 25mm 厚的高强板材制作

门作为附加的元素在轨道上水平滑动

这个想法的进一步完善导致肋材由三个单独的铝板叠层装配而成——由于薄一些的金属对切削来说更为经济,尽管有三倍的切削长度——这也提供了一个将长度受到材料有效尺寸限制的肋材部件优美地接合到一起的机会。"气泡"就这样重新被制作并在协议的时间内交付,而且被业主、设计师们和公众认为很成功,这证明了B+G来自经验和开放思想的灵活的价值(意外地,由于这个体系还允许将亭子以组件形式运输并在现场安装,它也可以被拆开然后被重新在慕尼黑的另一个展览上安装)。

与伯恩哈德·弗兰肯合作

© Friedrich Busam,柏林

外观象征着两个即将融合的水滴

BMW 流体

本源的几何体系的 3D 模型

表皮膜从角状到曲面形的过渡

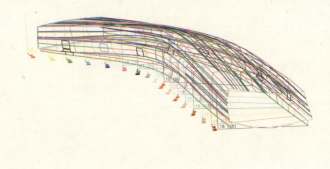

膜表皮的切口和焊缝

BMW 流体，法兰克福／美因，2001 年

地点：法兰克福／美因 IAA 展览场地
客户：BMW 公司，慕尼黑
建造时间：2000 年 10 月～2001 年 9 月
长度：135m
高度：18m
合作：ABB 建筑设计，法兰克福／美因
建造：阿尔格·泽勒－康沃泰（Arge Seele–Covertex），Obing
工作范围：概念设计，设计，正式设计，细部设计，现场监督
项目工程师：哈拉尔德·克洛夫特，马蒂亚斯·米歇尔

在第二次合作：建造一个由弯曲金属管和膜组成的大厅内部的、复杂、弯曲、扭转的表面之后，伯恩哈德·弗兰肯和 B＋G 团队准备承担另一个独立式的棚子——"流体"。在这里建筑设计概念再一次高度关注棚子的外表面造型，在这个案例中它是半透明的。对工程师的挑战此刻非常不同，由于回旋状的表面形式明显不适合于效果显著的结构设计。而且，表面还需要做得很薄来满足透明度，因此没有可供利用的机会来隐藏结构，就像在一个较为传统建筑中把结构放在顶棚上面那样。

幸运的是一些解决这些要求的方法出现在建筑师的数字化模型里。建筑设计得自于对一个长的、矩形形式的计算机处理，依据是在驾驶经历和周边建筑的存在中由建筑师指明的隐喻的"力"，在这个案例中即多普勒效应。最终的表面形式保留了原始形式的某些特点，而且正是这些形式的叠加导出了结构方案。也就是说，这个棚子的每一个横剖面可以由一个大致呈矩形的门式刚架组成，而且对这个表面的更为复杂形状的支撑可以以某种方式被加在刚架上，这为门式刚架贡献了一些强度和硬度。内部可见这两种相对的几何体系，这个棚子的访问者可能更为清楚地领会到这个形状正式的来历。沿着棚子纵向框架的稳定性通常由檩条和剪刀支撑杆这种传统方式提供；然而，因为有意识地避免引入破坏空间流动性的可见元素，B＋G 代之以使用管状截面构件，在其端部刚性地与刚架连接，而且将其调整为平行于建筑的主轴线。当然建筑工作的特性是一些不同意见不可避免，当机械系统本可以更明智地从刚架中的大空档穿过时，却看到它们不明所以地挂在结构框架下面。这显示

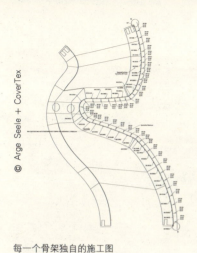

每一个骨架独自的施工图

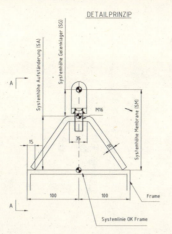

将膜安装到刚架上的关键安装细部的施工图

了即使是建筑师和顾问之间密切的理解也不能保证完美的结果,那需要所有相关团队间更高层次的合作。

棚子的表皮提出了另一个挑战,由于它复杂的形式和需要的透明度超过了传统建筑材料提供的性能。所选的解决办法再次表现了工程师的独创能力和对一个概念的实验性改进的贡献。工业化的织物有时在建筑中被使用——特别是临时建筑和那些仅提供一个屋顶的建筑——但是这些建筑通常将其形式限制在双曲抛物面几何形上,因其有利于保持织物的紧绷,没有起皱现象。然而经过观察,这样的膜织物也被使用于非双曲抛物面几何形的遮阳篷和在卡车上遮盖货物,工程师确定了应用这些技术建造建筑的可能性。另外还与一位专家——维克托·威廉(Victor Wilhelm)博士一起工作,他们开发了一个在两个基本平行的非直线(因为可能需要跟随由棚子的门式刚架限定的曲线)之间增量地张拉膜的系统,用于补偿通常会导致皱纹的织物的横向收缩。这个体系在一个等比例模型上测试并为最终的安装作了改进,实际上就像在一部分钢结构上已经做的那样去检验其结构的可行性。这个棚子也被安装用于IAA2001小轿车展览期间的需要,然后被拆卸,而此刻或许正在等候另一个展览场所。

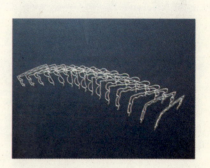

框架形成了主要的结构

数字化渲染的"流体"内部

BMW 流体

竖立起的结构上膜的装配

2001 年 5 月，在柏林第二个样板的装配

在法兰克福／美因的山墙端部立面的加强和刚架连接

膜装配工常常是有大量高山经验的登山者

山墙端部覆盖着透明的真空气垫，局部由ETFE箔衬和PVC聚酯织物制成

完成的室内

"流体"被完成用于为期13天的IAA展览——建筑仅仅用了84天

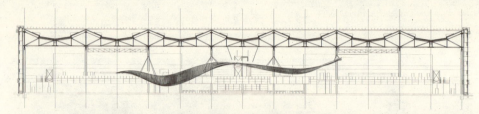

在慕尼黑飞机场新2号候机处中悬挂雕塑的景象

在20天的装配后完成的雕塑的全景：它盘旋于出发大厅上空13m高处

地点：慕尼黑，Franz–Josef–Strauss机场，2号候机处
业主：BMW公司，慕尼黑
建造时间：2003年1月~2003年6月
长度：90m
施工： Bender股份有限公司，凯撒斯劳滕（Kaiserslautern）
工作范围：概念设计、设计、正式设计、细部设计、现场监督
项目工程师：马蒂亚斯·米歇尔

BMW起飞雕塑，慕尼黑机场，2003年

第三个，也是最后选择的例子是安装在慕尼黑机场的起飞雕塑，它与其他项目在B + G的工程学要求的类型以及在工程师和建筑师以计算机为媒介的协作的特殊方式上有所不同。尽管这个"非建筑"仍旧需要结构工程学，但是关注的焦点更多地指向细部。这或许被归因于缺少潜在地划分建筑学与工程学责任的界线，也由于这一次更大程度的计算机造型工作由建筑师来担当。

这个雕塑的主要结构构件是两个长的波状管，以及将它们悬挂在顶棚上的拉杆体系，它们组成的双"脊椎"形式被用于支撑搭在它们之间的363个薄片"肋骨"，这些"肋骨"界定了一个波浪形飞舞的表面——实际上只是由于它的不连续性——使这个空间充满生命力。受到与顶棚结构连接的位置的限制（并且始终避开那里的清洁设备路线）并希望有最少的挂钩数量，工程师探索结构性地使用薄片，而不是仅仅让它们搁置在管件上。然而，他们的分析显示出很大的应力集中在部分薄片上，这很难解决。因此，他们打算制作一个梯状的排列，在其中仅仅有一部分薄片有结构性作用。但是为了避免一个与"表面"的平滑不协调的变音，这些起作用的薄片必须在外表上与其他薄片相同，而且它们与管件连接的点尽管受力不同，也需要是协调一致的。

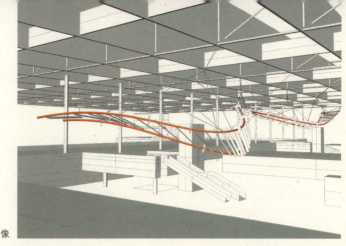

结构在其背景中的图像

与伯恩哈德·弗兰肯合作

这个"起飞"工程的数字化模拟较之早期的更为完善,事实上延伸到了建造的每一个细部。以前,"主模型"由工程师们建立并与建筑师协作修改,而在这个案例中,建筑师们能够在"脚本"的帮助下系统演绎出沿着管件既定曲线的不同部分。然而,3D模型的作用在所有情况下都是相似的:得出一个关于工程元素的形状、位置、方向和尺寸的普通表现,建筑师和工程师都可以在其上工作并取得一致。这个工具,除参与者的协作精神之外,通过允许快速准确的想法的交流,以及随后的图像显示和分析,能够很大程度上协调工程学和建筑学的要求。因此,在一般的建筑师-工程师的相互合作中常常出现的潜在的误解几率被避免了。值得注意的是,这种情况不一定会限制工程师对设计提供意见。尽管在工程中遵循的原则到目前为止就是这样被描述的:在进度不太紧张的项目中,当对主要造型本身互动的修改是可能的时候,由建筑师决定的造型应保持不变(从而通过避免重复设计而提高工程效率)。例如发生在格拉茨的艺术中心工程中的情况:B+G 建议彼得·库克和科林·福尼尔(见第84页)如果将壳体表面最初相当扁平的屋面加鼓,可能会极大地改善建筑的结构性能。在所有的案例中,计算机帮助评价和讨论随手选择的能力在承担具有如此复杂几何形体的工程中是非常重要的。

结构模拟显示"梯状排列"的起作用的薄片

承受荷载的薄片的装配

拉索连接件的几何形象来源于一个膜的形式,产生了 12 个独特的 CNC 机制连接件

那么总的来说，我们将伯恩哈德·弗兰肯和B+G之间协作的成功看作是许多既是技术又是态度的因素造成的结果。从建筑师这边来说：在过程初期坚决地致力于建筑形式之后将苦心经营由性能驱动的设计元素。从结构工程师这边来说：乐于让性能驱动的元素的选择由建筑设计观念指导，以技术知识和必要的工具来支持、通过各种各样或改进，或背离传统方式的方法去重视结构工程的解决方案。用这样一种良性的方式作为基础，依据"无观念束缚的工程学"我们可以从这样的合伙关系预期看到在未来越来越富于挑战性的项目上持续的成功。

最终总计363个不同薄片的装配

在装配前的"冲浪板"

静态打开的次要薄片的细部

薄片／管件结合点的细部：主要和次要的薄片的联结必须是一样的

与伯恩哈德·弗兰肯合作

与彼得·库克和科林·福尼尔合作

彼得·卡克拉·施马尔

格拉茨艺术中心，奥地利，2003年

地点：格拉茨，Lendkai 1号，奥地利
业主：格拉茨艺术公司，奥地利
竞赛：2000年4月
建造时间：2001年～2003年9月
容纳空间：65300m³

合资经营合作：
空间实验室－库克·福尼尔(cook fournier)股份有限公司；彼得·库克、科林·福尼尔咨询ZT股份有限公司 格拉茨；京特·多门尼格(Günther Domenig)、赫尔曼·艾森考克(Hermann Eisenkock)、赫尔福雷德·派科尔(Herfried Peyker)

灯光设计：
KRESS & ADAMS Tages—und kunstlichtplanung 工作室，科隆

立面灯光安装：BIX 实体；联合，柏林

项目工程师：约翰内斯·利斯、马蒂亚斯·米歇尔、哈拉尔德·克洛夫特

10多年来在格拉茨一直试图建立一座艺术中心(Kunsthaus)。最初的1997年在施洛斯堡(Schlossberg)附近的基地上的竞赛由于一场公民表决而告失败。直到2003年，格拉茨于成为该年度欧洲文化都市并且基地被移动到穆尔河岸，第二次机会就出现了。彼得·库克和科林·福尼尔凭借一个圆团状，被称为"友好的外星来客"的蓝色结构在2000年4月的第二次竞赛中胜出，技巧性地规避了在与著名建筑艰难的邻里关系中，过大的计划安置在过小的基地上所引起的问题。因为这个感性的和肖像般的形状完全赢得了评判委员会的心而且在政治上被当作一个"悦人心意的壮观的城市插入"，城市地方议会决定建造它。

彼得·库克(*1936年)和科林·福尼尔(*1944年)都在伦敦巴特利特学校执教。库克是享有盛名的活跃于1961～1974年的建筑理论团体建筑电讯(Archigram)的创立者之一。福尼尔在为美国规划师帕森斯(Parsons)做大型工程以及与B·屈米在巴黎巴拉维莱特公园一起工作中积累了经验。所有库克以前曾经建造的工程有：在柏林lutzow广场与C·霍利合作的社会住房工程和在他执教很长时间的法兰克福Stadelschule的小自助餐厅的伸缩自如的天窗。这个微型工程是与博林格＋格罗曼合作设计的。

2001年7月，阿尔格艺术中心(Arge Kunsthaus)团队在基地附近开设了它的事务所：作为合资经营，它的三个合伙人，除库克、福尼尔和B＋G之外，还有著名的格拉茨

竞赛模型是一个蓝色铸型丙烯酸玻璃块体，它保证了对内部的半透明

事务所建筑咨询 ZT 股份有限公司——京特·多门尼格、赫尔曼·艾森考克和赫尔福雷德·派科尔的联合事务所也参与进来。

这个紧密的合作的最重要目标是将这个在建筑上充满雄心的和在技术上复杂的工程按期并在一个（非常）紧的预算内完成，而且为其承担充分的责任。因此，这三个合伙人都分担经营风险和财政责任，而且所需的团队成员部分从建筑咨询内部雇用，并在更大范围内招聘新人。

结构的发展

这个艺术中心团队的风险相当高。竞赛的透明的丙烯酸玻璃模型和竞赛的表现图已经对格拉茨人民承诺了一个建筑奇迹：一个建筑——根据所描述的——会像一片云那样浮在基地上空，一个"柔软的茧状物"披着一个部分"不透明的、部分透明的膜"将保证"每夜神奇的展露"并且"肯定会把你拉进去"。特别的期待被连接到"针状物上"，一个钢和玻璃制的长的梁在一个较高的高度穿透建筑的表皮并充当一个咖啡馆的功能，它拥有这个历史城镇中心的引人入胜的视野。谈及建筑与灯光设计方面的一个特殊的特征，可能要算巨大的，面向南的"喷嘴"形天窗。而最后，在建筑方面这个新建筑可以与历史奇迹 Eisernes Haus（铁屋）联系在一起，后者有一个铸铁的立面，时间则追溯到 1847 年。

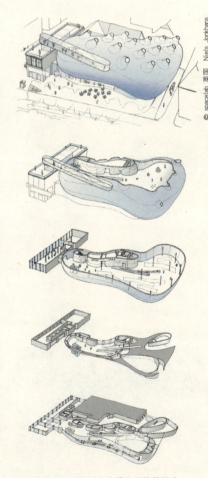

竞赛平面方案是基于大量器官形状的想法

设计过程期间研究的主要范围如下：柱子数量的限制以及为了不影响浮云的印象，从下面找出一个最小的入口解决办法；为了创造一个半透明的自由体量，就必须对这个大气泡的"表皮"的材料、形状和结构进行开发，这个体量同时还需提供来自构件的保护并在空调、灯光设计和维护方面满足一个博物馆的要求。

主体结构是基于两个在顶部相叠的台子的想法。底部的台子被构想支承气泡结构的荷载，跨过地面层并作为一个展览平面；在气泡内的上部的台子作为第二个展览平面。为了限制支承结构为五个柱子，较低的台子被设计为一个巨大的钢格栅。两个豆子状的混凝土核心包含入口和底层结构，同时还作为加强构件。为了提供从下面的直线入口，40m 长的传送带（奥的斯自动人行道）被安装在每个平面。

气泡形状的形式决定

艺术中心最重要的外形特征是树脂玻璃覆盖的气泡。B＋G 在完成法兰克福／美因的 BMW 原型气泡期间（见第 72 页）从形状和数字化工作流程方面均积累了必要的经验，然而，这两种结构彼此相当不同：格拉茨气泡更大（60m×40m 对应 24m×16m），不得不抵抗由更多的风和雪产生的更高的荷载，而且是一个永久的而非临时性的结构。

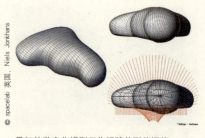

最初的数字化模型用作粗略的形状评价

为了这次竞赛，建筑师用黏土塑造了他们想要的圆团形状，用丙烯酸玻璃塑造了参赛模型并用表现图建立了一个粗略的实际模型。为了结构设计和分析，一个新的数字化 3D 模型被建立，而不是扫描竞赛模型，因为这对于盖里或蓝天组的工程来说是常见的。因为建筑师和工程师密切的协调，这个形状可以在增加壳体结构行为方面被优化。这个起动工作依据的基本形状是一个球体模型；这个形状随后由 Rhino 软件通过拖曳参数重力点生成。逐步地这个事实上的雕塑越来越接近期望的形状，而且作为一个结果，制造标准如框格长度、距离和结构边界条件可以被改进。

透明的上部层次的渲染图显示了空间结构和"针状物"的融合

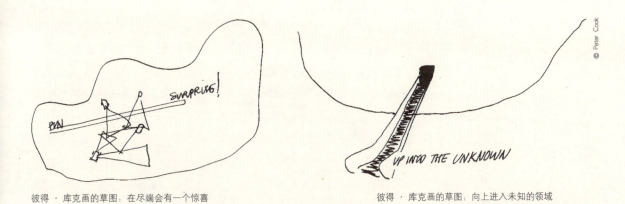

彼得·库克画的草图：在尽端会有一个惊喜

彼得·库克画的草图：向上进入未知的领域

与彼得·库克和科林·福尼尔合作

此时，这幅早期图像显示的空灵的感觉已变成了现实

87

树脂玻璃被选用为立面材料是因为其技术特性如在相对低温下良好的可塑性、优良的透明度和光泽。它也可以被浸染色彩而不是层压着色,因此竞赛模型的绝妙的、绿光蓝的海水色调可以被实现。在充分设计了 15 种壳体结构之后,最终被设计师称为"内部低科技而外部高科技"的体系被建立起来,它被应用的目的是将成本从隐蔽的区域向可见的区域转移。屋顶壳体全部的厚度将近 90cm。主要结构由起拱的矩形钢制箱形梁焊接的多边形组成,相互平行安装;在其间次要结构由标准方钢构件制做的三角形栅格组成。这两个系统联合形成一个自支撑壳体。钢梁在建筑内部拥有一个耐火涂层而且壳体对外是封闭的、隔热的并被波纹钢夹心板密封;这基本上是一个普通的(但是弯曲的)工业化的屋顶。尽管连接细部看起来相当标准,但由于不规则的弯曲表皮,其中的每一个都在几何学上有所不同,因而它们的制作相当昂贵。

这块双曲的光滑表皮的 1300 个丙烯酸树脂玻璃构件中的每一个都是热成形的,如同曾经在 BMW 气泡中的情况。四边形的嵌板由平面玻璃托架点支承定位。巨大的"喷嘴"是自支撑的、完全预制的单元,而且也被各自不规则形状的丙烯酸树脂构件包覆。由于在平面上是六边形的,它们与壳体的三角形结构梁完全结合为一体。

预制"喷嘴"被组装进壳体的六边形结构中。壳体结构的拱形梁由三角形的格栅连接

显示了"喷嘴"组装的钢结构的 3D 模型

一个带树脂玻璃表皮的"喷嘴"的 3D 模型

钢壳体正在被用隔热的金属板密封。第二层的台式结构显示了钢肋的下侧

开放前两个月,表皮露出了它的最终模样

与彼得·库克和科林·福尼尔合作

透明树脂玻璃圆锥体在冬天抑制雪的下滑

用登山安全绳保护的装配工正在安装树脂玻璃板

在（易燃的）树脂玻璃下面的外部的 70cm 的腔体中安装了喷洒装置和火焰感应器，还有一个介于高技术和低技术之间的中间立面：所谓的 BIX 这个中间层是将等距布置的灯光（曾经流行的常规圆环状厨用氖灯）安装在丙烯酸树脂壳体下面，它基于柏林设计师实体的一个概念：联合的。作为一个新颖的扭转，这些氖圆环由计算机控制并且可以变暗到工程变化的灯光水平（1%～100%之间），这开启了大范围地向外界传达简单信号、图形或粗略动画的可能性。这个 BIX 立面是气泡预期的透明表皮的全部遗留物：是为工业白铁皮屋顶上的树脂玻璃表皮辨护的所承诺的透明度的最后残余物。

一个结构上的特色是 40m 长的"针状物"：完全由壳体支撑、由圆形的钢构架确定的三角形切口位置上的"针状物"。作为一个观察平台的作用很受参观者喜爱；遗憾的是作为一个咖啡厅的作用是不可能的。

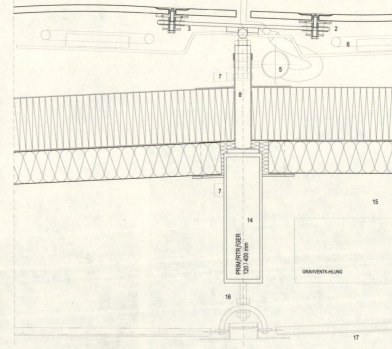

1：1 比例的表皮剖面模型显示了整个深度并突出了"内部低科技外部高科技"的想法

壳体剖面显示了树脂玻璃表皮、外部腔体内的 BIX 表面、隔热金属屋面、带有设备的内部腔体和室内装修（金属网片）

带有翻修的铁屋、悬挑的"针状物"和 BIX 立面的表皮的布景

BIX 立面的灯光全部可调整,以显示灰度深浅

首层咖啡馆的位置紧临公共地下停车场入口

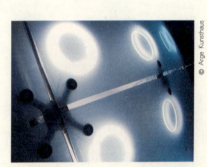
BIX:分段模型的细部

BIX 立面的环状氖灯、喷洒装置、火焰感应器和用来固定树脂玻璃嵌板的平面玻璃托架都被置于外部腔体内

与彼得·库克和科林·福尼尔合作

然而，由于实现安装了厚立面系统而使实现所承诺的透明度在财政上不可行（尽管它在结构上是可能的，只要用玻璃板替换单钢），完成的建筑被建筑批评界严厉地斥责：一方面，对黑暗的网片后面暴露的暗灰色钢结构的内部空间也许应保持这样一种想法：即挖空内部以及凸出的气泡外部相对应。然而，另一方面洞穴状风格与竞赛有吸引力的承诺相冲突并因此与游客对光亮空间的期待（就像通常在博物馆里那样）相冲突。

争议的结果，格拉茨艺术中心的建造不仅在欧洲文化都市黄金年末尾为这个城市赢得了庞大的媒体注意，导致了建筑观光的增加；而且格拉茨的人民也非常喜爱他们"友好的外星来客"并把它长久记在心间。从视觉上讲，这个蓝色水泡是这个城镇景观中一道无处不在的风景。此外，发展历史上落后的城镇地域的城市推动力已经产生了明显的效果。最后，艺术中心也是一个极好的将使用树脂玻璃作为形式上革新的建筑材料的例子，非常适用于感性的圆团形式的审美。对 B + G 来说，作为一个团队的完全责任合伙人的建筑师和工程师之间的紧张的工作流程到目前为止是一种新的合作方式的最强烈表达。

像器官一样的"外星来客"在城镇景观中是一道无处不在的风景

这个蓝色的"友好的外星来客"悬浮在格拉茨著名的历史城镇中心的红色屋顶之间

下层的展览平面显示了氖灯的格栅和两个自动人行道

表皮的凸面弯曲下的咖啡馆

与彼得·库克和科林·福尼尔合作

上部的展览区域可看到表皮的内部装修：深色的薄金属网和背光"喷嘴"

建造期间从下部看表皮在内部连续提供了一个对建筑的空间复杂性的了解

气泡下的入口

25 项工程实例
彼得·卡克拉·施马尔

跨越第Ⅲ河的步行桥，费尔德基希，奥地利，1990 年

马丁·霍伊斯勒

地点：费尔德基希 (Feldkirch)，福拉尔贝格 (Vorarlberg)，奥地利

业主：费尔德基希城市行政区，福拉尔贝格，奥地利

竞赛：1987 年 3 月

工程时间：1988 年 10 月～1989 年 11 月

长度：44m

宽度：4m

合作：建筑师马丁·霍伊斯勒 (Martin Hausle)，费尔德基希，福拉尔贝格，奥地利，与里格博·迪姆 (Rigobert Diem) ZT 合资经营，多恩比恩 (Dornbirn)，奥地利

建造：MEYER Stahl-und Anlagenbau Ges.m.b.H. 与 KG 公司，努齐德斯，奥地利

工作范围：概念设计，设计，正式设计，细部设计，现场监督

项目工程师：于尔根·阿布默斯，米夏埃拉·迈尔 (Michaela Mayer)

44m 长、4m 宽，净跨 36m 的步行桥轻巧朴素地横跨第Ⅲ河，并自然地与山地景色融为一体。由于灯光照明与栏杆相结合为一体，夜间这座桥甚至变成了一座灯光雕塑。在河岸的一边这座桥仅仅有两个基座支承；在另一边上的引桥由三块层叠的混凝土斜板组成。这座纤细的系杆桥——实际是一个截面为三角形的雅致的空间桁架——使力的流动可以被看到。

10mm 厚的钢板桥面同时作为一个上弦。一个 10/100mm 的钢板状格栅被焊接到下侧以提供额外的加强。140mm 的实心圆钢下弦和 60mm 的圆钢对角斜杆对头焊接。在鱼腹形桥的中部最大的升起是 1.45m。钢桥面拥有一个防滑环氧树脂涂层用于腐蚀防护，就像全焊接工程那样是工厂预制的，因为这个总重达 36t 的结构被预制成一整块。装在特殊的矮装运机上运输并不得不穿过费尔德基希的历史中心之后，这座桥被用两台起重卡车安装在河岸上，正好花费了 3.5h。

这座桥完全是在车间预加工的；桥面同时作为上弦

马丁·霍伊斯勒（Martin Hausle）（左）在车间

马丁·霍伊斯勒

44m 长的步行桥的运输

97

年轻的建筑师马丁·霍伊斯勒不得不克服当地政府的反对,而努力完成他的第一个工程,这促成了与他在法兰克福／美因国立造型艺术学院遇到的结构工程学讲师克劳斯·博林格的密切合作,这个极简的价值 22 万欧元的结构引起了一次不小的轰动,被广为宣传并提高了新福拉尔贝格建筑的名声。1993 年仍位于费尔德基希的 Kapf 桥接着成为了下一个合作工程。

用两个车载起重机安装步行桥

纤细的步行桥与山地景观融为一体

河岸上纤细的栏杆几乎不阻挡景色

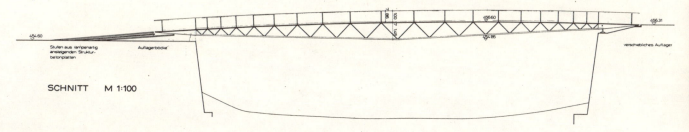

竞赛方案的剖面

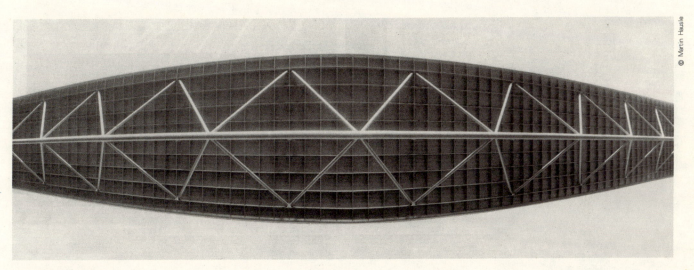

底视图显示了增强格栅

计算机联合股份有限公司总部，达姆施塔特－埃伯施塔特，1990 年

伦费尔德与维利施

地点：达姆施塔特－埃伯施塔特(Eberstadt)，Marienburger 大街35号

业主：德国计算机联合股份有限公司，达姆施塔特－埃伯施塔特

竞赛：1987 年

工程时间：1989～1990 年

容纳空间：38000m³

合作：伦费尔德与维利施工学硕士建筑设计BDA (Lengfeld & Wilisch Dipl.－Ing. Architekten BDA)，达姆施塔特

建造：
钢结构：MEYER Stahl-und Anlagenbau Ges.m.b.H. 与 KG 公司，努齐德斯(Nuziders)，奥地利

工作范围：概念设计、设计、正式设计、细部设计、现场监督

奖励：
1991 年，德国贝通建筑奖
1992 年，Lande Hessen 年轻建筑师BDA 促进奖 (BDA Forderpreis fur junge Architekten im Lande Hessen)

项目工程师：于尔根·阿布默斯、理查德·特勒伦贝格

这个美国软件公司的德国分支机构位于乡村场地上工拥有 250 个雇员的办公室和 100 个培训场所。建筑理念与公司的价值标准一致：如绝对的等级制度、从属于整体而不放弃个性的感觉、敏捷的行动和快速的决策。在标准走廊型组织的 4 层的立方体内，简洁的庭院内的退台提供了交流空间。它们在垂直向和水平向通过楼梯和桥互相连接。一侧伸展并延续成为一个加长的包含自助餐厅的 2 层侧厅。

这个建筑使用了一种流行的建筑语汇并且（略微有点儿航海的感觉）隐喻性地说明如"易懂的和有差异的"、"戏谑的和轻质的"这样的词。材料同样是轻快的和明亮的：石膏混凝土、白粉涂层、镀锌钢、穿孔金属板、镶木地板以及穿孔层压复合地板；由帆布百叶窗提供遮阳。

沿自助餐厅的景象　　　　　　　右侧广场和自助餐厅的景象

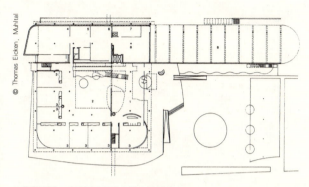

首层平面：庭院形成了这个综合体的中心

带成型的平板连接的混凝土柱

伦费尔德与维利施

带双层桥、螺旋形楼梯和悬空桥的中庭

计算机联合股份有限公司总部

天窗：用杆件支承的钢结构

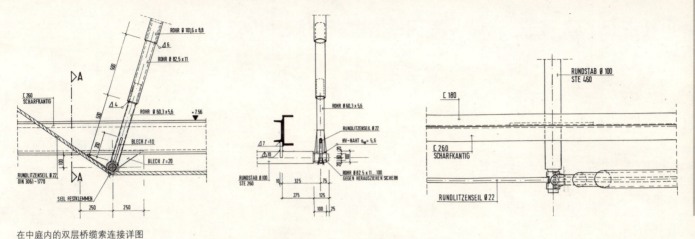

在中庭内的双层桥缆索连接详图

空调庭院上部 18m×15m 的天窗在结构上很有趣。多边形的弯曲框架由压杆支承，压杆被一条横跨的缆索在底端固定。钢的断面都是由锐钢板形状组成的。这个受到京特·贝尼施影响的建筑学派的突出特征是将大量注意力集中于有区别的特殊钢结构：在庭院里悬挂的 2 层桥连着带支架桥的附加螺旋型楼梯，以及防火疏散阳台和楼梯、栏杆和顶篷。工程师使用纤细的 2 层高的带空间成型连接的外露柱来支撑无梁楼板——在那时是革新性的。这些仍然不得不使用手工计算，虽然黑白的 1.0 版本的结构软件 R-stab 可能已经被用于钢结构截面应力的计算。

这些年轻毕业生的第一次委托成为他们成功的建筑实践的开端。在柏林墙倒塌前不佳的经济形势期间，建筑师有相对多的时间做细部施工图。因此，这个大胆的结构在设计上有许多考虑，而且自创的细部仍旧用墨水笔绘制。这座明亮的白色建筑受到很多注意，而且提供给建筑师伦费尔德与维利施一个后续的由相邻的软件公司 Sundorf 股份有限公司提出的委托，这次他们与 B + G 一起完成——如同 1997 年阿沙芬堡的航道和水运管理委员会那样。

日托中心 102，法兰克福／美因－格里斯海姆，1992 年

博勒斯 + 维尔森

地点：法兰克福／美因，Kiefern 街 24A
业主：施塔特法兰克福／美因
开始设计：1989 年
完成：1992 年
合作：博勒斯（BOLLES）+ 维尔森（WILSON）股份有限公司与 KG 公司，明斯特尔（Munster）
工作范围：概念设计、设计、正式设计、细部设计、现场监督
项目工程师：约尔各·施奈德

　　1985～1993 年法兰克福的高档儿童日托中心建筑出现了一个彻底的繁荣。B + G 有机会分担这 30 个工程中的一部分，例如法兰克福－埃肯海姆的伊东丰雄的建筑（见第 110 页）和这个博勒斯 + 维尔森设计的日托中心。该建筑的朝向由长而窄的基地形状以及它在城市边缘 A5 高速公路地下穿越道紧后面的位置决定。在顶层平面北向面对高速公路的走廊和通道画廊被一道相对封闭的墙所隔绝。游戏区域和一部钢楼梯到达上层平面的室外空间是南向的。这个 2 层建筑的平面和立面都逐渐变大——很像一个孩子的生长。平面从入口开始加宽并结束于一个大厅，屋顶也随之逐渐向上升起。许多精心设计的细部和一个极大地超越了通常原色教条的色彩概念将"尺度"定义为一个针对儿童的建筑主题：这个主题由靠近入口的一个特大型的像 K 形标志的（K 代表 Kinder——儿童，德语）窗开始，接着是用于孩子和成人的两种不同的门的尺寸，最后是一个做成美洲印第安人头像形状的雨水槽。走廊的窗户和观察缝被设置在儿童的视平面上。浴室的蓝色玻璃砖营造了一种水下世界的气氛。

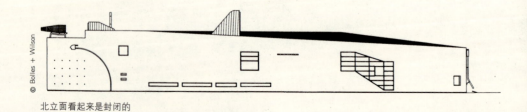

北立面看起来是封闭的

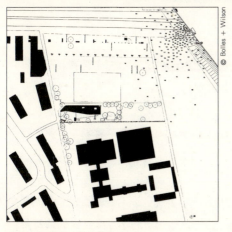

基地总平面显示东北向的高速公路

彼得·维尔森的草图

博勒斯＋维尔森

有K形窗的南立面等角图

整个建筑是一个砖砌的而不是混凝土建筑，因为这在建筑物理方面有利而且不会造成任何的主要结构问题。然而，由于复杂的几何形、平面和剖面上的轻微弯曲、在一定程度上仍然对勒·柯布西耶的建筑形式产生怀旧的形状各异的窗，以及建筑师博勒斯＋维尔森有名的古怪戏谑的形式语言这项工程技术一点儿也不容易。后来，这个建筑雕塑在全世界广为流传。

在日托中心的场地上，B＋G接受了他们的第一个委托，同时也是证明他们自己是高质量和值得信赖的建筑专家合伙人的机会。这样，他们遇到了各种各样的建筑师们并熟悉了这些人的建筑立场：本书出现的几个日托中心的案例中，遇到的都是非常雄心勃勃的知名建筑事务所。

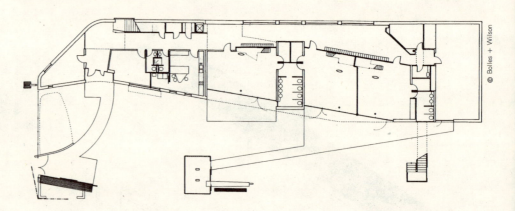

首层平面逐渐变宽并南向开敞

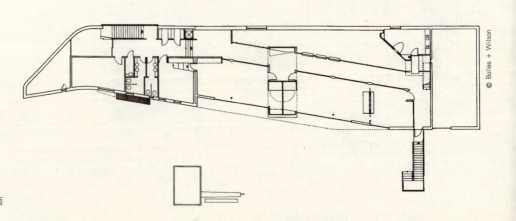

有画廊的上层平面

通向屋顶出口的楼梯　　有儿童观察缝的上层画廊　　从南侧看有玻璃立面的活动区域的全景　　博勒斯＋维尔森

在儿童视平面上有窗缝的首层平面走廊

日托中心 117，法兰克福／美因-埃肯海姆，1993 年

伊东丰雄及其合作伙伴／舍夫勒 + 沃施乔尔

地点：法兰克福／美因－埃肯海姆 (Eckenheim)，Sigmund—Freud—街78号

业主：Hochbauamt der Stadt，法兰克福／美因

开始设计：1988 年

建造时间：1989～1992 年

合作：伊东丰雄及其合伙人，东京，日本；舍夫勒 (Scheffler) + 沃施乔尔建筑设计 BDA，法兰克福／美因 [现在是舍夫勒及其合伙人建筑设计 BDA，法兰克福／美因；伊莎贝尔 · 凡 · 德里施(Isabelle van Driessche) + 托马斯 · 沃施乔尔 (Thomas Warschauer) 城市建筑，卢森堡]

工作范围：概念设计、设计、正式设计、细部设计、现场监督

项目工程师：约尔各 · 施奈德

    日本建筑师伊东丰雄计划在一个变异的城市环境中的大场地上设置一个被动式太阳能的概念，非常类似于弗兰克 · 劳埃德 · 赖特在1947年的太阳能半圆房项目。这两个案例中，一个北向的堆起斜面、一个南向的伸出屋顶、一个首层弯曲的平面和一个由经过圆柱体的斜面引导的入口是它们的特征主题。入口对孩子们意味着从外部世界到内部世界的转变。三个瞭望台和一个扁豆形状的片状金属屋顶，在很远处就可以看到居于斜面之上，显示了其用途。一个雅致的折板屋顶被用来作为一个从全玻璃空间到庭院的过渡元素。这里设置了一个独立的2层高的八角形多功能空间，它外包木材，通过一个带精致的树脂玻璃屋顶的钢梯进入。

模型

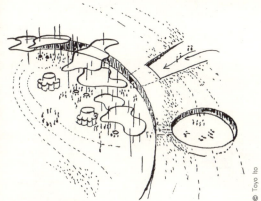

伊东丰雄的概念草图

伊东丰雄及其合作伙伴／舍夫勒＋沃施乔尔

施工期间塔状物和折板屋顶的照片

109

这个日托中心的建造主要不是一个结构上的，而是观念上的挑战，因为来自日本的想法必须适宜于环境和少量的预算。在这种情况下，材料的物理性能和建筑的实施就非常重要了。例如嵌入斜面的圆形多功能空间最初以一个装有玻璃的木格栅外壳做屋顶。现在，一个树脂玻璃的圆顶装在一个轻微弯曲的锌包木屋面板壳体的上面作为一个中央天窗。折板木屋面最初被设计为由塔柱悬挂——考虑到建筑的小尺度，这是一个结构的夸大。现在，它安置在纤细的Ｖ形钢支柱上。日本的建筑混凝土（没有保温）被带有芯板保温的浅灰色的着色混凝土取代，镶木地板被蓝色油地毡取代并且没有在儿童房和庭院立面之间建一个很大的通透的游戏区。而代之以将房间移动到外立面处，以形成一个神秘的、半昏暗的内走廊。

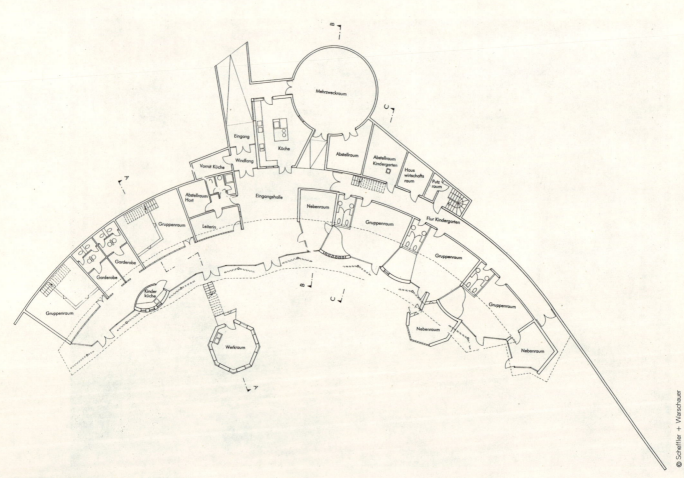

底层平面显示了可变的走廊和挖入的圆形空间

在建造过程中轻微弯曲的壳体

伊东丰雄及其合作伙伴／舍夫勒＋沃施乔尔

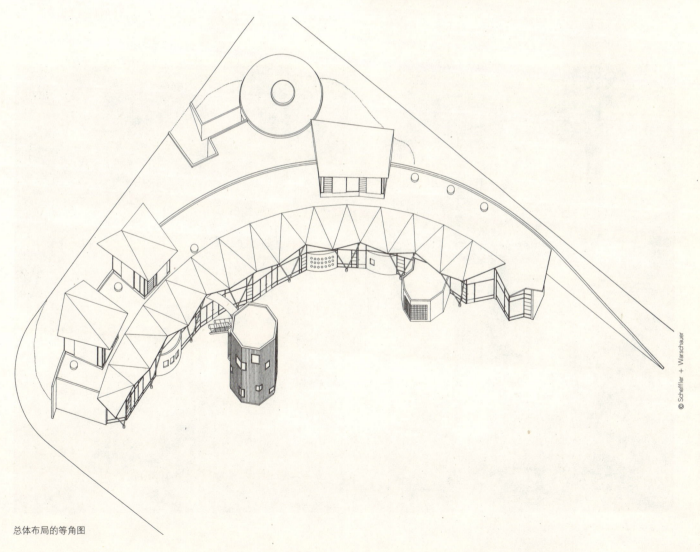

© Scheffler + Warschauer

总体布局的等角图

与伊东丰雄的合作是特殊的，因为德国联络建筑师已经在建筑实施阶段接手了这个工程，但总是通过传真与日本建筑师协调他们的行动。B+G 和舍夫勒+沃施乔尔在法兰克福／美因的更多工程中一起合作，像 1996 年的蔡尔斯海姆 (Zeilsheim) 居住区、2002 年的 Oskar–von–Miller 街的许多住宅和一个综合体，以及在莱比锡的工程如 1992 年的 Paulaner 行政建筑和 1997 年的市立图书馆，加上 2000 年比特费尔德 (Bitterfeld) 的码头和水位塔（见第 144 页）

从儿童房向外看折板屋顶底部的景象

伊东丰雄及其合作伙伴／舍夫勒＋沃施乔尔

©Waltraud Krase，法兰克福／美因

从南侧看庭院全景

四面体，博特罗普，1995 年

梅迪亚施塔特

地点：博特罗普 (Bottrop)，Hatde Back 街

业主：鲁尔采矿公司 (Ruhrkohle Bergbau AG)，黑尔讷 (Herne)

概念：1990 年

建造时间：1995 年 8 月～1995 年 10 月

高度：50m

合资经营：梅迪亚施塔特城市战略，教授沃尔夫冈·克里斯特 (Wolfgang Christ) 建筑设计，达姆施塔特

建造：施塔尔鲍·E·吕特尔 (Stahlbau E. Ruter) 股份有限公司，多特蒙德

工作范围：概念设计、设计、正式设计、细部设计、现场监督

项目工程师：马蒂亚斯·祖布、米夏埃拉·迈尔

国际建筑展览会"IBA 埃姆舍场地"设法为工业的鲁尔区在思想上带来一个广为赞颂的改变，在形象上带来一个持久的变化。这通过对该地区的可见物进行建筑上的改变得以实现，例如所谓的"工业文化街"。除了在奥伯豪森 (Oberhausen) 重修的煤气厂以外，福斯特及其合伙人还将 Zeche Zollverein 煤矿改造为一个设计博物馆，另外还有波鸿西部公园及其世纪大厅（见第 140 页）和 SANAA 的一个设计学校（见第 202 页），它也结合了 Haldenereignis Emscherblick 的观景平台。在博特罗普的正中心升起了一个 90m 高的由采矿尾矿组成的煤堆。在这块高地上，一个 50m 高、边长 60m 的由管状钢构件组成的三角形棱锥置于四个圆混凝土柱上被建造起来。它作为一个观察塔观看整个博特罗普及其周边的景象，同时作为一个显著的地标，在夜晚还以灯火装饰。

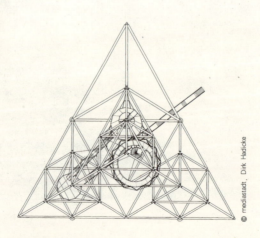

© mediastadt, Dirk Hadicke

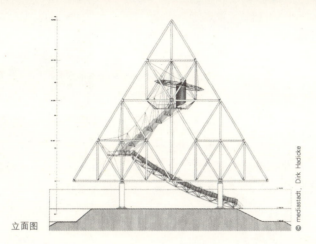
立面图

梅迪亚施塔特

完成的塔的景象

115

四面体

　　这个重210t的大角锥进一步由直径457mm、长15m和直径558mm、长30m的钢管制成的四面体组成。这些管由特制的铸造接头连接。三个不同的钢楼梯向上通到角锥的三个观察平台。第一个直跑楼梯是40m长的在交通负荷下故意摇摆的轻微弯曲的三弦杆圆钢构架。从18m的第一个平台到32m的第二个平台是一个缆索悬挂的楼梯。38m的顶部平台可以通过一个由薄金属板包裹的螺旋型楼梯到达。这个平台是圆形的并被从角锥尖端像一个降临节花冠一样悬挂；它不仅突出了角锥几何体的界限而且倾斜9°。最后，勇敢的攀登者们获得的回报是一个在博特罗普上空150m高处的全景。

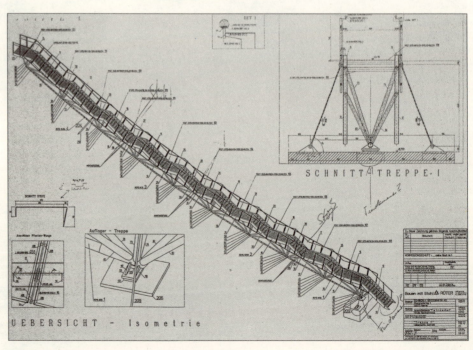

40m长的三弦杆楼梯的施工图

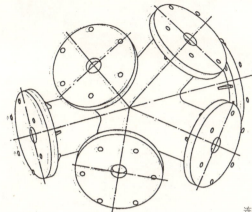

连接六根钢管的铸造多接头节点

完成的铸造接头

从第一个平台看完成的楼梯

四面体

黄昏时的四面体：灯光安装由于尔根·LIT·菲舍尔实施

这个可上人的四面体塔是由梅迪亚施塔特（沃尔夫冈·克里斯特）和B+G合资经营开发的，就像几年后的Goitzsche码头和水位塔（见第144页）。两个工程都探索了城市设计、建筑、大地艺术和实验性结构工程技术的领域，这给B+G提供了开发和建成有特殊细部解决办法的革新性结构的机会。

从顶部平台向下看，2003年的情形

环境技术中心(UTZ),柏林-阿德勒肖夫,1998年
ef +

地点:柏林-阿德勒肖夫,研究和技术园,Einstein-/Volmer 街

业主:WISTA 经营股份有限公司,柏林

竞赛:1995 年 3 月

建造时间:1996 年 8 月~1998 年 9 月

容纳空间:123503m³

合作:
eisele + fritz Bott Hilka Begemann(ef +),达姆施塔特
(现在是 54f 建筑设计+结构工程,达姆施塔特)

建造:HOCHTIEF Fertigteilbau 股份有限公司,施坦斯多夫(Stahnsdorf)

工作范围:概念设计、设计、正式设计、细部设计

奖励:
1998 年,Mies van der Rohe Award for European Architecture, Nomination(欧洲建筑密斯·凡·德·罗奖,提名)
1998 年,BDA 奖,柏林

项目工程师:约尔古·施奈德、亨德里克·莱英

这个创新中心作为新的 Forschungspark 阿德勒肖夫研究区的一个先导工程是用公共基金建造的。这个工程的一期建设由造价 5500 万欧元、建筑总面积 24000m²、包括两个超过 200m 长的面对面布置并在一端连接的建筑组成;一条公共小路从中间将它们一分为二。未来二期建筑将完成整个计划并且这个故意曲折的平面布局将变得更易理解。构成屋顶女儿墙的一个连续的混凝土带、水平显露的混凝土带和垂直的交通核按建筑学结构原理将这些长的 4 层建筑联系在一起。由于开放的无柱平面,出租空间可以灵活地用作办公室或实验室。这个基地的边界决定了相当于整个建筑高度的入口大厅的三角形形状。材料如建筑混凝土、木质立面、玻璃框光电板和垂直通高的钢遮阳百叶表达了这个建筑预期的生态-技术气氛。

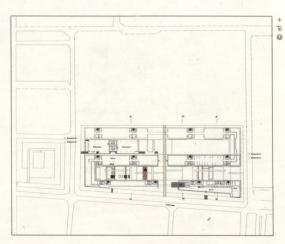

已完成的一期建设和未来二期开发的基地总平面

中空顶棚的水平混凝土饰面划分庭院的东北立面

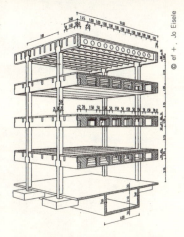

作为一个结构和技术构件的中空顶棚的简图

施工期间带牛腿的立面柱和中空顶棚的空腹梁大梁

1.5m 厚的中空顶棚安装在空腹大梁外面,而且这种形式是第一次出现。它确定了一个无柱的 12.8m 的跨度并因而提供了必要的灵活性。顶棚由建筑混凝土做饰面;空气通过它内部的导管,由于混凝土板的巨大热容,实现了一个 4.5℃的冷却效果。西南方向纵墙的完整阴影支持气候概念。阴影效果是由高设计要求的特制钢薄片结合严格的水平向和垂直向遮阳来提供的。高大的入口大厅立面被七片固定的半透明窗格玻璃遮蔽,每片由八块淡灰色 2.5m×1.4m 的光伏发电构件组成。另外,它们每年提供 7500 千瓦时的电能;这构成了光伏发电技术一个全新的应用,开发了一种全新的设计可能性。

中空顶棚容纳下层的设备

施工期间带特制光伏发电构件的入口大厅的景象

梯形金属板用作永久的模板封闭中空顶棚

环境技术中心（UTZ）

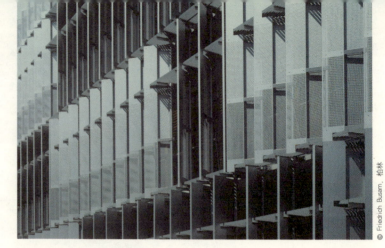

水平向和垂直向遮阳薄片的景象

可看到钢遮阳百叶的庭院的景象

建筑师 ef +和工程师 B + G 的深入合作主要集中在设计中视觉上最具特色的构件上——中空顶棚、遮阳百叶和光伏发电立面。由于最终的建筑是一个优雅的不加修饰的结构，没有任何更多的修整。

在立面前部带半透明的光伏发电构件的通高的入口大厅

作为设计意图的优雅的不加修饰的结构

KPMG 行政楼，莱比锡，1998 年

施奈德 + 舒马赫

地点：莱比锡，贝多芬大街 1 号

业主：KPMG (Deutsche Treuhand-Gesellschaft)，莱比锡

竞赛：1995 年 9 月

建造时间：1996 年 8 月～1998 年 11 月

容纳空间：25000m³

合作：
施奈德 + 舒马赫建筑公司，法兰克福／美因

建造：玻璃和钢结构施工 MBM Metallbau 德累斯顿股份有限公司，德累斯顿

工作范围：概念设计，设计，正式设计，细部设计，现场监督

奖励：
1998 年，der West-Hyp-Stiftung fur vorbildliche Gewerbebauten 建筑奖
1999 年，Feuerverzinker 奖
2001 年，莱比锡建筑奖

项目工程师：马蒂亚斯·祖布、理查德·特勒伦贝格

　　这个工程的基地位于莱比锡 Wilhelminian 风格的 Sudvorstadt 地区一个锐角三角形地块，不利的是它位于五条街道的交叉点。建筑师在基地上布置了两个 6 层的办公侧楼，形成一个三角形的中庭，它被磨砂的丙烯酸树脂覆盖并向一条街道敞开。接近 45m 长的三角形的两个主要立面都是全玻璃的并根据背景产生变化。一条边被切断并同样由一个梁柱立面构成；交角优美地成为圆形而且有一个半透明的网纹印刷的表皮。然而，包含入口的面对街道的侧边做成了一种附建的 5 层玻璃盒子样式，以匹配邻接的建筑。这里，一个尽可能透明的玻璃窗被选为中庭遮蔽来自街道的噪声，而且为朝向室内的办公室提供日光。

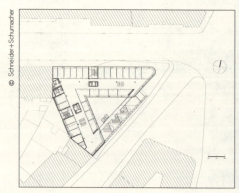
标准层平面：混合的立面结构也支承着步行桥和楼梯

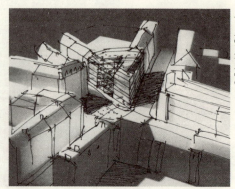
草图图解在五条街道交叉点上的城市位置

混合结构的模压 CAD 模型

施奈德 + 舒马赫

施工期间有保护的平玻璃托架和连接管件的立面

施工期间玻璃盒子水平向的顶部梁

这个大跨度玻璃结构的结构特征是立面、步行桥和楼梯梯段在一个由许多独立部件组成的混合结构中的相互影响，所有部件承担着不同的结构功能。水平向的无框平板玻璃幕由 3.85m×1.625m 的以平板托架固定的玻璃组成，托架与一个水平椭圆管连接，就像一个梯子，并支撑在一个圆钢管上。这个圆钢管又被一个逐渐变细的悬臂梁支承，这个悬臂梁实际上是一个以步行桥来平衡的平衡结构的一部分。同时，这些悬臂梁还作为一个立面的一个水平加劲构件。在步行桥间盘旋而上的楼梯也依靠在它们上面，另外还通过一个在弧形楼梯中的拉杆来支承。栏杆是带不锈钢扶手的全玻璃板。

在柏林 1994~1995 年红色信息盒子(见第 20 页)这样的相对直接了当的结构之后，这个由施奈德＋舒马赫和 B＋G 密切合作的工程在一个复杂的结构上融合了最艰巨的要求和最雅致的设计。

玻璃盒子的入口　　　悬挂无框玻璃立面细部

平衡结构支承着步行桥和悬挂的幕墙立面

施奈德＋舒马赫

入口在透明玻璃盒子处的三角形建筑外景

Dornach–Auhof 老年之家，林茨，奥地利，1999 年

赫尔穆特·克里斯滕

地点：Dornach–Auhof，林茨，Sombart 街 1～5 号，奥地利

业主：林茨，奥地利

竞赛：1996 年

建造时间：1997 年～1999 年 11 月

合作：
赫尔穆特·克里斯滕（Helmut Christen）
Schonbrunner 街 ZT 工作室（ATS），维也纳，奥地利
HL-技术公司，慕尼黑／苏黎世，瑞士
合资经营结构工程技术 Kirsch-Muchitsch 及其合伙人建筑业土木工程师，林茨，奥地利

工作范围：概念设计，设计，正式设计，细部设计，现场监督

　　林茨这个城市的一个新开发区拥有一个突出的 3 层高、125m 长，而且相当宽的综合体。这个"城中城"为 130 位老年人而建并树立了一个很好的生态学低能耗建筑的例子。一个主要使用被动式原理的节约能量的策略确保低运行费用，结合高档次的舒适度而且不需要居民具备任何事先的知识，也不涉及很多技术。胶合板的建筑外表面和双层玻璃立面使它自己看起来像一件精致的家具。内部的构成是以单间为基础的，允许所有的住户参与公共生活或者至少接触内部和外部的世界。107 个单间和 10 个套间全部沿着一个有天窗的中庭排列；居住房间和看护房间彼此相同，以避免人们在居住期间换房。在首层，所有的公共功能如发廊、公共图书馆、日间区域、自助餐厅和行政部门都沿着一条宽阔的"街道"排列，并通向在远端的一个新公园。

带公园的首层平面——通向内部"街道"的主入口在左边

从公园看首层晒台

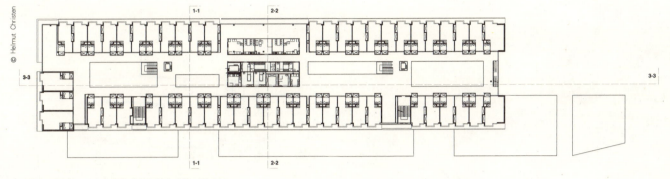

上部楼层平面显示了中央服务站和沿着中庭排列的房间

赫尔穆特·克里斯滕

与右边公共区域相邻的主要入口的景象

Dornach–Auhof 老年之家

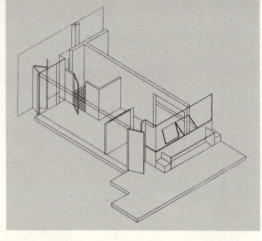
显示了门廊和立面空气腔处阳台入口的一个房间的等角图

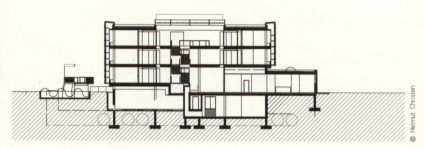
横剖面：在首层存在一个有房间的夹层

在胶合板立面和外部玻璃之间带阳台的空腔

被动式太阳能原理如最大限度自然通风、采光和供暖的运用对最终的建筑设计和细部有一个深远的结构影响。例如，冬季空气在用于中庭或立面前部空腔之前将在地下的混凝土管道即"蓄热地下室"中被预热，而夏季被预冷。屋顶主要由单坡南向玻璃棚组成——部分半透明并包含透明保温。另外，大面积装备的太阳能热水板为这个建筑提供了几乎一半的热水供应。玻璃屋顶的顶部和双层立面空腔装备有可动的太阳能遮阳。有暴露的混凝土板和天然石材装修的内部中庭包含大量热容，防止变得过热。

赫尔穆特·克里斯滕和他的合作工作室 ATS 是 B + G 的奥地利合伙人之一。100m 长的维也纳技术博物馆的扩建是第一个合资经营——开始于 1991 年并且在 1999 年为进一步的设计重新饰面——而在 2000 年他们一起赢得了林茨州医院的竞赛。

带有公共"街道"和上部 2 层居住房间的中庭

博朗股份有限公司行政楼，克龙贝格／陶努斯，1999年

施奈德＋舒马赫

地点：克龙贝格／陶努斯 (Kronberg/Taunus)，法兰克福街145号
业主：博朗 (BRAUN) 股份有限公司，克龙贝格／陶努斯
竞赛：1996年
建造时间：1998年10月～2000年3月
容纳空间：54500m³
合作：
施奈德＋舒马赫
建筑公司 (Architekturgesellschaft mbH)，法兰克福／美因
建造：
玻璃立面马格努斯·米勒 (Magnus Muller) 股份有限公司与KG公司，比茨巴赫 (Butzbach)
充气垫：Foiltec，Bremen
工作范围：概念设计，设计，正式设计，细部设计，现场监督
奖励：
2002年，克龙贝格环境奖 (Umweltpreis der Stadt Kronberg)，一等奖
2001年，德国建筑奖
2000年，der WestHyp Stiftung fur vorbildliche Gewerbebauten 建筑奖，表彰
2000年，欧洲建筑密斯·凡·德·罗奖，提名

项目工程师：马蒂亚斯·祖布

　　这个位于陶努斯山山脉斜坡上的玻璃办公室建筑的魅力在于它的简单但非常有效的环境策略，其设计视点也令人信服并在本质上塑造了颇为雅致的外观。基底为100m×40m的紧凑体量的四个立面和中庭屋顶可以"像一只鸟的羽毛一样伸展自己"去释放热量或者可以合拢起来贮藏热量。U形的3层办公楼侧翼围绕一个内部中庭。在它的开敞边设置了有顶盖并简单凹进的立方体空间入口。不采暖的中庭被设想作为一个热量缓冲地带而且由膜气垫覆盖。带有喷雾器的水池为进入水池边缘的空气提供自然冷却。之前，这些空气在地下管道中流经建筑底部，被预冷或预热因而支持自然热离子学。12.5m的大跨度平板创造了灵活的无柱办公区域而且可支持任何办公平面布局类型和未来的改造。由于这些板仅仅加以抹灰，它们提供热容而且用作一个复合的加热或冷却顶棚。设备被设置在加高的地板下面；分隔被安排在灵活的格栅上。

竞赛模型

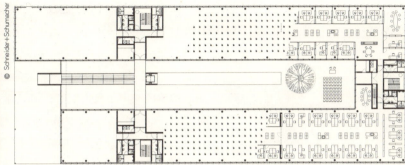

标准层平面：无柱空间允许灵活的平面安排

施奈德 + 舒马赫

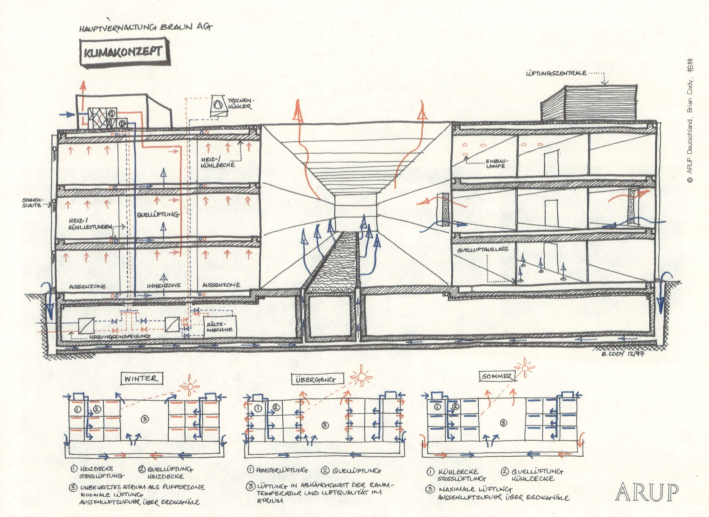

布莱恩·科迪（Brian Cody）的显示了地下管道和中庭水池的气候概念草图

博朗股份有限公司行政楼

获得专利的双层立面是根据建筑师对瑞士箱形窗进一步发展而成的。外侧通高的尺寸为 3.45m×1.45m 的 12mm 安全玻璃窗可以像门扇一样电动开启。这样遮阳从内部移动到了有利的外部位置,以阻止夏季阳光的获得。在里面,一个 20cm 宽的窗扇可以被开启。集中控制系统在夜间和下雨或大风期间关闭这些窗扇。夜间,仅仅面对中庭的窗扇和中庭屋顶的气垫开启用于自然冷却。气垫是由四氟乙烯共聚物(ETFE)薄片制成的,由双层钢框架组成并且安装了液压机以确保冬季环境下排烟顺畅。这项技术是 1997 年在美因茨和 AS&P 一起开发的用于 ZDF-电视花园(见第 42 页)的,而在这里被 B + G 首次应用于一个行政建筑。进一步的发展可以在法兰克福/美因的 Baseler 广场卵形的居住和行政建筑中庭(见第 50 页)找到。

用于顶棚加热和冷却的微型管件正被结合进抹灰中

建造中的带灯光设备接口的平板

带开启的气垫屋顶的中庭内景　　空气在中庭的水池边缘逸出

施奈德 + 舒马赫

处于开启位置的气垫

这个建筑是与施奈德＋舒马赫（见第 20 页）密切合作的另一个例子。B＋G 首次与德国 ARUP 的布莱恩·科迪一起工作，由于他这个气候的概念才得以发展。这个经历是如此积极，以致这些工程师决定与科迪更广泛地在其他项目上开展合作，例如 2004 年在法兰克福／美因的欧洲中央银行（ECB）的新建筑的设计。（见第 212 页）

连续通高的立面窗格拥有一个光洁的外观

开启的立面"像一只鸟伸展它的羽毛"

施奈德+舒马赫

玻璃建筑入口处的景象

北极桥,波鸿,1999年

黑格·黑格·施莱夫

地点:波鸿,西部公园入口

业主:波鸿,区域发展公司(Landesentwi-cklungsgesellschaft) NRW

竞赛:1997年10月

完成:1999年10月

长度:100m

合资经营:

黑格·黑格·施莱夫

规划+建筑设计 BDA,卡塞尔

合作:

城市和景观设计

西弗茨·特劳特曼·克尼—内克扎斯(Sieverts Trautmann Knye—Neczas),波恩

灯光安装

阿希姆·沃尔施德(Achim Wollscheid),法兰克福/美因

工作范围:概念设计、设计、正式设计、细部设计、现场监督

项目工程师:马丁·特劳茨(Martin Trautz)

波鸿工业化的起源——一个以前的克虏伯公司的钢铁生产基地——被改为一个35hm² 的娱乐区域西部公园并作为 IBA(国际建筑展览会)埃姆舍(Emscherpark)的一部分。从一个工业考古学的视角看对过去的保护有着极大的重要性。许多遗迹、基础和建筑被保留。例如,1902年的世纪大厅如今用作一个文化聚会地点。在公园的入口,两个高地由一座桥连接,作为一条步行路线的一部分。一个是从前的砖和混凝土的邻接桥墩,称为"Nordpol"(北极);而另一个是从前钢铁车间16m高的支撑结构,称为"Colosseum"。这个非常纤细的桥跨度100m,像一个漂浮的带子支撑在纤细的支柱上。桥面由井格结构组成,打开了从令人眩晕的高处到地面高达22m的下部视野。这个桥的宽度从桥头处的4m持续变窄,在最高点达到2m。晚上,这座桥由艺术家阿希姆·沃尔施德在栏杆的玻璃板上安装的计算机控制的灯光装置点缀起来。

由钢梁、桩基桥墩和在独立基础上的支柱组成的结构体系

纤细的钢步行桥的底部景象

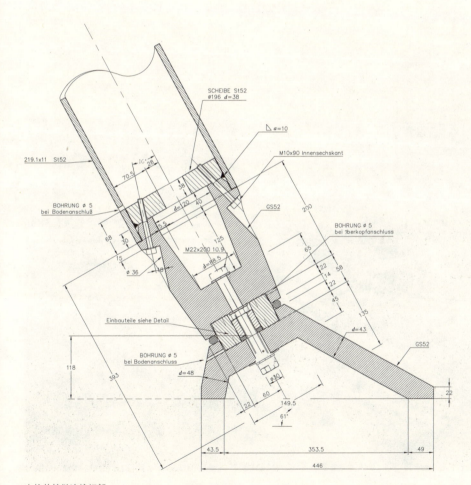

支柱的铰链连接细部

建造中当一个构架位于其侧面的桥底部的景象

支柱连接在基地上

由于不均一的地面由炉渣和回填材料组成，工程师将桥的末端支承在结实的桥墩上——由六个大的钻孔桩组成的桩群基础。219mm的圆管件制成的九对V形钢支柱用作桥中间的支撑。桥身结构自身由纵向400mm×430mm的中空箱形梁与横向的中空箱形梁连接组成而且对角用圆管件撑牢。因此，这实际上是一个支撑在其侧边的桁架。简化的建筑语言也在细部得到反应：V形支柱和桥的横梁之间的连接和基础一样是可焊的铸铁接合件。在扁钢柱之间带一个反射涂层的特制薄玻璃栏板用作灯光装置的投影屏，它对来自地面镶嵌的成排的灯光产生一种漫反射。

在一个设计讨论会期间中，三组建筑师和工程师为"西区"三座计划好的桥设计方案。因此每个组受评委会委托作为合资经营来建造这些桥中的一座。这次合作之后，B+G也与黑格·黑格·施莱夫在另外的合作项目中一起工作。

西部公园大厅前的整体景象

黑格·黑格·施莱夫

夜晚的灯光装置对步行者的移动做出反应

码头和水位塔，Goitzsche，比特费尔德，2000年

梅迪亚施塔特/舍夫勒+沃施乔尔

地点：费里德斯多夫，比特费尔德县，Goitzsche地区，贝恩施泰因湖(Bernsteinsee)

业主：德国劳恩茨和中部矿区管理公司(LMBV)，比特费尔德

开始设计：1998年

建造时间：1999年8月~2000年6月
桥长：190m
塔高：27m

合资经营：梅迪亚施塔特城市策划，教授沃尔夫冈·克莱斯特(Wolfgang Christ)建筑设计，达姆施塔特

现场监督：舍夫勒+沃施乔尔，法兰克福/美因【现在的舍夫勒+合作建筑设计BDA，法兰克福/美因，伊莎贝拉·凡·德里歇(Isabelle van Driessche)+托马斯·瓦尔绍尔(Thomas Warschauer)城市研究建筑师，卢森堡】

施工：
混凝土柱：P-D-R-比特费尔德
钢结构：TDE Technische Dienste Espenhain
钢丝网：卡尔·施塔尔(Carl Stahl)股份有限公司，叙森(Sussen)
玻璃纤维增强塑料：Burkhard Bader Katamarane und GFK-Formteile，罗布劳(Roblau)/易北河

工作范围：概念设计、设计、正式设计、细部设计

项目工程师：迪特尔·迈尔(Dieter Mayer)，马丁·特劳茨(Martin Trautz)

在从前"Chemiekombinate"(社会主义化学公司)和露天挖掘的褐煤矿业破坏了景观的地方，一个新的旅游中心围绕德国中部最大的湖泊群发展起来。作为这一美景和2000年博览会组成部分的一个特别的观察塔成为矿坑淹没的动态过程的象征，而且已经成为一个主要的地标和改造的标志。自从2000年夏天，这个塔和附建的入口码头在填充Goitzsche凹陷区时已经充当了一个积极的角色，当水平面提升时它在水面上浮得越来越高。按照计划，一个13m的最高水位将在2005年达到。沿着码头的几根柱子，水位塔基部上的一个钢漂浮物和在塔核心的一根柱子确保了所需的抵抗风和波浪的力。然而，2002年百年一遇的洪水导致严重的泛滥，以至于贝恩施泰因湖(现在叫作琥珀湖)最终超过了目标水位。码头十分轻微地向上倾斜，柱子没入水下，水位塔移位，导致它略微倾斜——但是它经受住了这些未预料到的事件。现在，塔和码头正漂浮在设想的水平面上。

水位塔的等角图

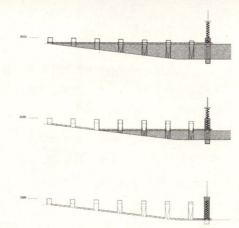

码头和水位塔在洪水前后作为浮动的指示器的设计概念：当无洪水时，混凝土柱列突出斜坡上部13m，但是随着升高的水面柱子沉没，而且码头慢慢达到它的水平位置。塔沿着一根约束柱浮起

洪水刚开始后的码头和塔。码头是倾斜的，而且大幅度向下斜

码头已经发展为一个漂浮的通道。它 190m 长、4m 宽,由 24 节组成,每节 7.85m 长而且像筏一样在两个由玻璃纤维增强塑料制成的浮筒上漂浮。浮筒由钢架加强,钢架支撑通道的厚木板而且通过铰接钢管和一个滑动导板连接到邻接的混凝土柱上。必须抵抗最初水的高度化学侵蚀的柱子由特殊的离心浇制混凝土制作而且用桩基础约束。水位塔由 8m×8m 的漂浮物、27m 高的塔轴、上面安装着一个金属折板制成的有双螺旋楼梯以及一个观察平台和一个由地面约束的柱组成。这个柱由 24mm 厚的钢管及一个钢筋混凝土核心制成,通过一个带桩基础的地面板稳固地约束。滑动轴承逆着柱子将塔支撑起来,同时允许塔向上升起做垂直运动。塔被包裹上一层钢丝网作为围栏。随着高度的增加塔逐渐显露为一个更为伸展而且更为明晰的结构,这样水位可以被读出。

从一开始,B + G 和沃尔夫冈·克莱斯特就共同参与了这个工程的设计,而且历经所有的工程阶段直到完成。作为一个动态的结构,这个小型建筑是一个特殊的挑战,而且为实验性结构设计提供了一个珍贵的机会。

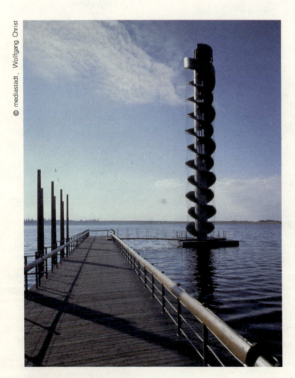

码头和塔最后的位置,码头是水平的

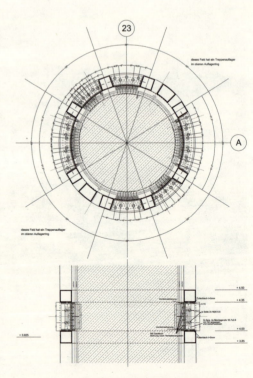

混凝土柱上的有滑动轴承的穿过塔轴钢结构的剖图面

百年一遇的洪水产生了这样一个高的水平面,以至于码头从岸边倾斜而起,并且柱子完全没在水下了

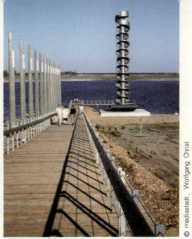

建筑完成后水位塔和它的漂浮物搁置在约束内部桩子的地面板上

梅迪亚施塔特/舍夫勒+沃施乔尔

焊接悬挑双螺旋楼梯的塔轴——像穿着长袜一样的钢丝网被用作围栏

联邦教育和研究部（BMBF），柏林，2000 年

约尔顿与穆勒 –PAS

地点：柏林－中心，Hannoversche 大街 28–30 号

业主：德国联邦众议院

开始设计：1998 年

建造时间：1999 年 1 月～2000 年 7 月

使用面积：4500m²

合作：
约尔顿与穆勒（Jourdan & Muller）–PAS 项目组建筑与城镇（Architektur & Stadtebau），法兰克福／美因

福尔克尔·鲁道夫建筑事务所，汉堡
海因（Hein），维特迈尔（Wittemeyer）＋合伙人，柏林

工作范围：概念设计，设计，正式设计，细部设计

项目工程师：亨德里克·莱英

邻近 Oranienburger 广场的著名的纪念建筑有一段辉煌的历史：除了作为德意志民主共和国联邦政府的永久代表之外，它还在 1948 年成为科学研究院的用房，特别是汉斯·夏隆（Hans Scharoun）的建筑业协会（Institute fur Bauwesen）。稍后在这里德意志民主共和国最重要的城市设计方案建筑学院在由赫尔曼·亨泽尔曼（Hermann Henselmann）、理查德·保利克（Richard Paulick）和汉斯·霍普（Hanns Hopp）领导的德意志建筑学院（Deutsche Bauakademie）的前提下发展起来。夏隆（Scharoun）的屋顶层工作室和包括"花园屋"（一座波恩的联邦领事馆办事处式样的房屋）在内的历史建筑被修复为各自的历史样式——一个是战后时期的简朴型制，另外一个是带有青铜电镀窗的 20 世纪 70 年代的样式——以一个形成对比的 6 层建筑扩建。明显的悬臂、倾斜的柱子和带表面金属网片的多层轻质木立面以及强烈的色彩把这个建筑放进明确的时代背景中。

悬臂下的入口和庭园平面图

在建造过程中,预制混凝土构件,将伸出并暴露在外面

带有连接的平板钢筋连接件的柱子底板

安装前有底板的倾斜的柱子

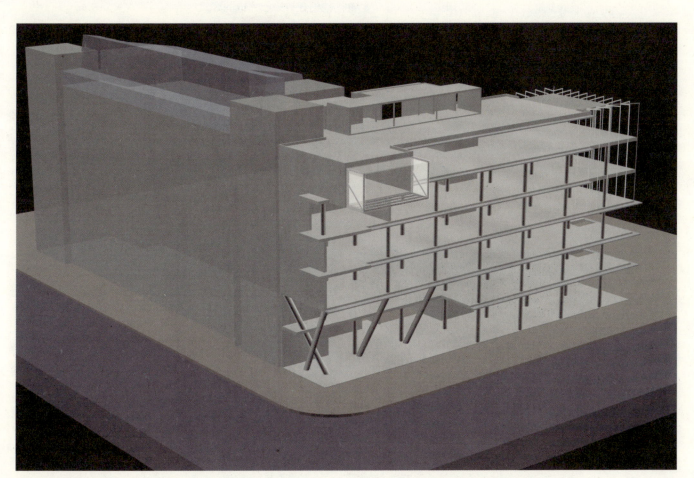
扩建建筑的结构表现图

汉斯·夏隆已经在1948年用最简单的建筑材料建起了他的屋顶层工作室，而且用一个由木板拼接的半框架组成的有趣的结构做屋顶创造了一个宽大而明亮的工作空间。这个不寻常的木质梁被检验并被证明在结构上是可靠的，用带一个单跑钢楼梯的原始走廊来修复并扩建。这个空间现在是一个自助餐厅和图书馆。作为一个结构特征，四个倾斜并相交的柱子支承扩建的前部。这创造了在伸出的上层楼面下作为入口的一个遮敞空间，可以直接让小轿车通过。对比已有建筑，扩建部分的楼面板是无梁楼板，并在某些区域施加预应力。这个预应力允许楼板在南立面悬挑4.5m。

直到约赫姆·约尔顿（Jochem Jourdan）退休，曼弗雷德·格罗曼都是他在卡塞尔大学建筑系的同事。法兰克福的事务所约尔顿&穆勒和B+G可追溯一段很长的合作历史；除了大量的竞赛，他们在许多已完成的建筑中合作，如Mertonviertel 法兰克福／美因（自1999年）、2001年卡塞尔环境知觉建筑中心、2003年汉堡Jahreszeiten印刷公司扩建以及2003年的马德洪堡（Bad Homburg）Altana AG行政建筑。

夏隆工作室，部分拆除之前

夏隆的工作室显示了新的画廊和单跑楼梯

显示了多层次立面的扩建侧面的景象

即将完工之前带红色的夏隆屋顶层工作室的现存建筑和与之对比的扩建部分

下萨克森／石勒苏益格－荷尔斯泰因的联邦政府的代表处，柏林，2001年

科内尔森＋泽林格／泽林格＋福格尔斯

地点：柏林,首相花园10号(Ministergarten 10) / Kleine Querallee

业主：下萨克森和石勒苏益格－荷尔斯泰因 (lander Niedersachsen & Schleswig–Holstein)

竞赛：1997年9月

建造时间：1999年6月～2001年6月

容纳空间：59090m³

合作：
科内尔森＋泽林格 (Cornelsen+Seelinger) 建筑设计，泽林格＋福格尔斯 (Seelinger+Vogels) 建筑设计BDA，达姆施塔特【现在是科内尔森＋泽林格建筑设计BDA，达姆施塔特，马克西米利安·福格乐斯工学硕士 (Dipl.Ing. Maximilian Vogels)，达姆施塔特】

建造：
木屋顶结构：霍尔茨鲍·阿曼 (Holzbau Amann) 股份有限公司，魏尔海姆－班霍尔茨 (Weilheim–Bannholz)

工作范围：设计、正式设计、细部设计、招标

项目工程师：约尔各·施奈德

下萨克森和石勒苏益格－荷尔斯泰因的联邦政府的联合代表处位于勃兰登堡门和波茨坦广场之间的Tiergarten公园边缘。建筑师把将近5000m²的建筑面积分配给两个基底为40m×10m的独立的6层建筑；它们相互面对而且共享一个玻璃大厅。这个不确定空间的概念性主题，这个"非物质化的中心"给建筑师带来了竞赛的头奖。另外，考虑到这样一个行政建筑通常的程序，建设附加的空间自然不能花费额外的费用。为了实现这一点，楼层平面以使用面积的角度来优化，而且能量需求尽可能降低。能量策略将整个建筑作为一个紧凑的隔热的立方体。抽风器是屋顶上巨大的开口；南向屋顶玻璃窗会升温并且造成一个烟囱效应，从而加剧空气的抽出。夏季，自然降温将在夜间得到利用，而且局部的屋顶玻璃可防止过热。

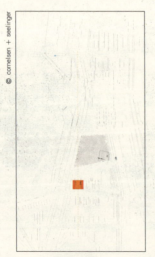

基地总平面：两个孪生建筑的大厅正对着从国会大厦和勃兰登堡门到波茨坦广场的南北向轴线

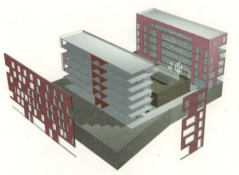

墙板用作高大的梁子　　　　　　　　屋顶结构的等角图　　　　　　　　钢梁在两天之内装配完

建造中的大厅和内部立面

科内尔森＋泽林格／泽林格＋福格尔斯

一个混合的屋顶结构跨过28m的大厅，与插入空间的观众厅的落叶松木条板立面相匹配。它由10个三角形桁架组成，每个桁架包含两个20cm×40cm上弦和一个30cm×50cm下弦（均由层压木材制成），并以V形圆钢杆件连接。杆件之间的距离和层压木桁架的抗弯性能（以及由此确定的截面尺寸）在选择上要特别考虑材料的自然抗力。一个连接相邻上弦的向下弯折的金属板壳将光线反射到室内。另一个特殊的结构特征是位于内立面上带钢芯的组合混凝土柱；它们安在那儿就像一套儿童建筑玩具中的小棍儿那样自然。由于窗户的设置不是在垂直向对齐，而是根据内部功能来不规则地划分，立面的结构性能也很特别。在窗间的承重墙部分形成连拱分配垂直荷载。

科内尔森+泽林格和泽林格+福格尔斯与B+G以合资方式进行的经营的这次首次合作既是不寻常的又是建设性的，因为"实际上，你解释你的想法并讨论这个设计"，卡斯帕·泽林格(Caspar Seelinger)说。随后有更多的合作工程如德累斯顿的高层建筑的改造和几个居住建筑。

两个建筑和共享大厅的竞赛设计

两个代表处联合起来构成一个紧凑的立方体

内立面上的组合柱被简洁地安装在一起

科内尔森+泽林格／泽林格+福格尔斯

观众厅的屋顶被用作自助餐厅

中央公共汽车站（ZOB）和车站广场，奥斯纳布吕克，2001年

博芬格及合作建筑师　/ 马丁·海德里希

地点：奥斯纳布吕克（Osnabruck），火车站前广场
业主：奥斯纳布吕克城
竞赛：1994年
建造时间：2000～2001年
面积： 车站广场：10000m² 屋顶：1000m²
合作： 博芬格及其合作建筑师（Bofinger & Partner Architekten），威斯巴登＋马丁·海德里布（Martin Heiderich）工学硕士建筑设计，多特蒙德［现在为合伙人海德里希·胡默特·克莱因建筑设计（Partnerschaft Heiderich Hummert Klein Architekten），多特蒙德］
建造： Metallbau Helmut Fischer股份有限公司，塔尔海姆（Talheim）
工作范围：概念设计、设计、正式设计、细部设计
项目工程师：亨德里克·莱英，赫尔曼·科赫

在这里，起点是对一个已经存在的由周围建筑优美地界定的前院进行城市再开发，广场的边界呈1/4圆朝向历史车站建筑。除了新的公共汽车站以外，新增设施包括：一个有功能区分的连续的花岗石人行道，一个由放射状排列的汇入广场的道路界定的水池以及一个用于客车终点站的新的树木覆盖和为10000m²的广场特别设计的网格柱照明。另外，未来的停车场和复合式电影院的设计方针已经确定。椭圆的ZOB屋顶清晰地指向历史车站的中心是这个方案的最重要的部分。一个形成强烈空间关系的平静却醒目的漂浮结构将被实现。这个实测大约70m×25m透镜形状的玻璃屋顶覆盖了一个大约1000m²的屋顶面积。

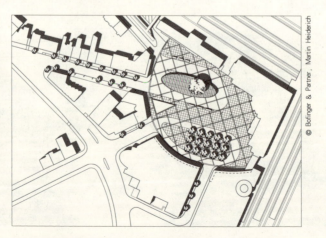

显示了ZOB屋顶和树丛的车站广场基地总平面

博芬格及合作建筑师／马丁·海德里希

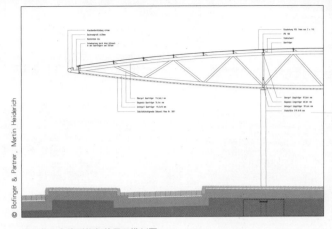

显示柱上鱼腹形桁架的屋顶横剖面

建造过程中没有装玻璃的屋顶及保留树木

中央公共汽车站（ZOB）和车站广场

ZOB屋顶的顶部和底部的形式是一个凸圆盘的切片。顶部的覆层由平玻璃板组成；底部由细的金属网状物制成，用来实现预计的形状。周边由弯曲的多边形Alucobond组成——很像一架飞机的机翼——形成一个坚实的边缘，起到横隔膜的作用。在两覆层之间的钢结构仍然完全可见。这个主要结构由间距3.87m的横向鱼腹形桁架组成，每个桁架支撑在两个柱子上，沿着柱列的纵向次梁使上下弦相互连接。最大的结构挑战是对现在有巨大悬挑树冠的树木的保留。由于邻近的柱子被一个钢筋混凝土梁式承台截断，这棵树经历了基地上的施工而几乎未受伤害地存活下来。

与黑尔格·博芬格（Helge Bofinger）合作实现的第一个工程是Willy-Brandt-Haus——1996年柏林的SPD党总部。因为是B+G的第一个主要工程，这个建筑成为他们的里程碑。在1998年，更多合作设计的建筑作为威斯巴登新城区中心Sauerland的组成部分，排列如下：一个儿童日托中心、一个学校、一个体育大厅和一个商业建筑。

包括水池和连续的花岗石铺地的完成方案的整体景象

新屋顶均匀的圆形边缘和有金属网孔覆层的底视图

博芬格及合作建筑师／马丁·海德里希

在夜晚，屋顶看起来像一个独立的漂浮结构

CSC 商务中心，莱茵美因，威斯巴登，2002 年
考夫曼·泰利格及其合伙人

地点：威斯巴登，亚伯拉罕·林肯公园 1

业主：Kollmann 公司，威斯巴登

开始设计：1999 年

完成：2002 年

容纳空间：200000m³

合作：
考夫曼·泰利格 (Kauffmann Theilig) 及其合伙人弗赖 (Freie) 建设设计 BDA，奥斯特菲尔登 / 凯姆纳特 (Ostfildern/Kemnat)

工作范围：概念设计、设计、正式设计、细部设计、现场监督

项目工程师：约尔各·施奈德

在威斯巴登的东端、靠近公路的出口，新亚伯拉罕·林肯商务公园正在建造。由于自然环境，这个主要平面在 1998 年由建筑事务所考夫曼·泰利格及其合伙人 (KTP) 规划出的平面方案致力于组织非常大的建筑尺度，以一个开放的布置与景观相呼应。开发者期望可行的施工和运行费用以及建筑最大限度的灵活性，以利于确保通过持续的租金获得高的收益。规划方案的第一个综合体已经完成并且由加利福尼亚 IT 公司 CSC 的德国总部所占据。而且这个建筑符合高档建筑的标准：三个长条的有区别的办公建筑像"手指"一样向南伸入景观之中。立面水平玻璃窗被压膜直到胸墙的高度。包含内部中庭的全玻璃 4 层桥式建筑连接这些"手指"。在北侧，它们形成富有表现力的前端，标明了入口区域并披上不同邑调的银色铝板外衣。由于倾斜的地形，层数从 5 层增加到 7 层。这些底层用灰褐色 Muschelkalk 石灰石覆面，"就像垮掉的土块"。

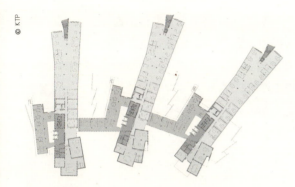

办公室标准层平面

建筑基地的整体景象：三个"手指"都坐落在相同基础底面上

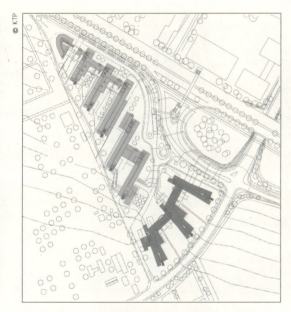

计划的亚伯拉罕·林肯商务公园的基地总平面

建造中的三个前端

前端结构的细部

前端的设计除无梁楼板之外，还有很多结构上的注意。几何交错的独立体量和墙板伸出主体建筑，而且被 V 形双柱和单独的柱子支承，这看起来几乎有些脆弱。在建筑内部，通高的钢筋混凝土墙承担了荷载的主要部分。行政建筑的底层容纳特殊功能，如会议空间、一个报告厅和一个雇员子女的日托中心。为了满足这一需要，在首层上面特殊的支撑结构是必需的。由于复合钢结构的使用，这些功能可以被建造而无须额外增大纵剖面。

这是 B＋G 和 KTP 的首度合作；它们通过开发商兼业主 Kollmann 公司的介绍相互认识，该开发商曾在其他工程中与 B+G 成功地合作过。

面向陶努斯山脉的景象

走廊和一根"手指"之间的中庭内景

显示建筑巨大体量的模型

在"手指"之间的一个庭院的景象

考夫曼·泰利格及其合伙人

里特斯豪斯法律公司,曼海姆,2002年
菲舍尔建筑师事务所

地点:曼海姆-新奥斯特海姆(Mannheim-Neuostheim),Harrlachweg 6

业主:LEG 巴登-符腾堡区域发展公司 (Landesentwicklungsgesellschaft Baden-Wurttemberg mbH),卡尔斯鲁厄(Karlsruhe)

开始设计:2000年11月

建造时间:2001年9月~2002年5月

容纳空间:26227m^3

合作:
菲舍尔(Fischer)建筑师事务所,曼海姆

技术服务:科勒+塞茨(Kohler + Seitz),纽伦堡,预制工场:盖特·鲍(Geither Bau),维尔姆沙文(Wilhelmshaven)

工作范围:概念设计、设计、正式设计、细部设计、现场监督

项目工程师:霍尔格·特歇

一个称为"东场"的带高端商业建筑的新综合体将作为一个新的"科技公园"建在曼海姆东部。这个法律公司建筑是由同一个建筑师构想的三个独立建筑中第二个完成的建筑。在外部,它是一个非常严谨的5层立方体,立面设计几乎最为理性:由相同尺寸的通高窗和嵌在其间的墙板组成。近似白色的预制清水混凝土立面构件的无缺陷的材料质量是通过将表面的水泥沉淀物腐蚀掉而得到的。整个结构包括承重立面、内部柱和顶棚,除了核心筒和基础以外都是预制的并仅在现场装配。建筑的整体能量策略计划首次使用预制混凝土顶棚构件进行热冷却。一个令人惊讶的宽大雅致的内部包含一个特殊的亮点:一个"飘浮的"、完全悬挂的图书馆位于两个中庭之中的较大的中庭之内。因此,它下面的空间可以被用作一个雅致的2层高的集会房间,而屋顶区域可作为一个自助餐厅。

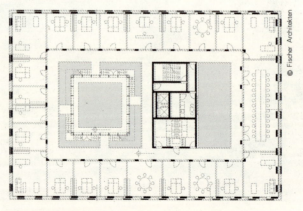

显示巨大中庭内的图书馆的三/四层平面图

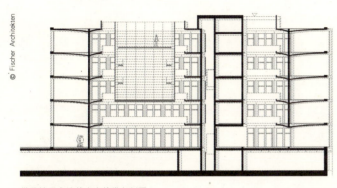
带悬挂图书馆的中庭的纵向剖面

在现场的预制立面构件

菲舍尔建筑师事务所

图书馆下面拱形的顶棚构件和宽大门厅的现场照片

在结构上,由于单独的构件不得不满足所有机械和结构工程技术以及与设计相关的最高质量标准所有这些方面,预制混凝土建筑是一个真正的挑战。横跨在"π"形立面板和独立的内部柱之间的顶棚构件跨度5.5m,并向中庭内悬挑出接近2m。板件的底面从外部明显地弯曲形成翼形的构件截面。同时,它们向着建筑的中心升起,因此光线可以被反射进内部:这种方式可以提供一个带设备管道的抬高的楼板,并且仍然允许在边缘处最大限度的顶棚高度。边长9m的图书馆立方体用24片200/20mm的金属板从一个钢梁承台上悬挂下来。这些金属板还用作围绕在周边的书架上书的侧面支持物。

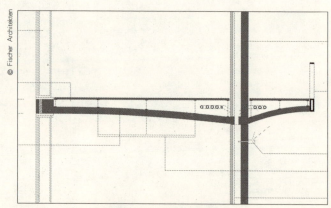

显示了建筑物理、建筑学和结构工程技术的交叉的顶棚剖面大样

表现图:有设备管道穿过最厚的部分的顶棚的剖面大样

建造中的有设备管道的顶棚构件

菲舍尔建筑师事务所

在预制车间里的顶棚构件的钢模板和钢筋

在车间里完整安装好的顶棚构件

不仅建筑师、结构和机械工程师之间的合作是极好的；而且参加这个设计过程的整个团队以及预制构件的制造者、业主和承租人的代表也都从最开始一道工作来推进这个工程。甚至联合参观北海边的预制车间来检查质量。这个周到良好的组织计划过程不仅确保了一个难以置信的 9 个月短的建造周期，而且还确保了非常低的合 1100 欧元 /m² 的建筑总面积的建设费用。相同的业主、建筑师和顾问团队还设计了这个被称作 "Wellen-reutherhaus" 的综合体的第三个建筑，它还在等待着建造工作的开始。

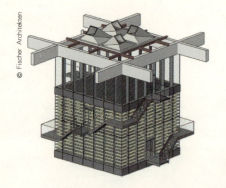

在巨大的中庭里，图书馆的玻璃立方体用扁钢板从钢筋混凝土梁上悬挂下来

建造中的图书馆：从梁式承台上悬挂下来的金属板以及正在安装的钢地板承台

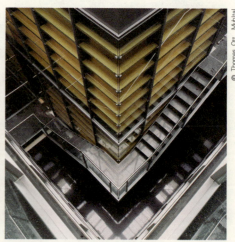

光线通过图书馆和房间之间的空隙进入门厅

在预制车间里的顶棚构件的钢模板和钢筋

菲舍尔建筑师事务所

带走廊的两层图书馆：钢板作为书架的一部分

圣尼古拉教区大厅，汉堡，2002年

卡斯滕·罗特建筑师事务所

地点：汉堡－哈维斯特胡德（Harvesthude），Abtei街38号

业主：克洛斯特斯塔恩圣尼古拉主教堂（Hauptkirche St.Nikolai am Klosterstern），汉堡

开始设计：2000年2月

完成：2003年2月

容纳空间：3458m³

合作：卡斯滕·罗特（Carsten Roth）建筑师事务所，汉堡

工作范围：概念设计、设计、正式设计、细部设计、现场监督

项目工程师：霍尔格·特歇

一个3层的教区大厅被安置在一座1962年的教堂建筑带一个绿铜锈的尖顶钟塔的属于那个时代非常有表现力的独特建筑和一座典型的白色3层汉堡别墅之间的空隙中。这个棱角分明的立方体建筑由明亮的天然石材覆面，包含几个大尺寸的带黄铜线脚的玻璃面，进行着一场与毗邻的凸出的覆盖着褐色砖的教堂中殿和独立式立方体钟塔的对话。它创造了新的空间形势扩充了已有的建筑而且改变了它的感知模式。而这个独立而复杂的教区大厅建筑看起来是有保留的和神秘的。除了一个2层高的走廊和一个隐蔽的前院之外，其他空间元素，如在第三层上的宽大的屋顶平台或在后部带一个分离的"沉默空间"的下沉于地面的宁静的院子，也是隐藏的。仅仅一个半透明的在

建筑渲染图强调了会众大厅显著的中心地位

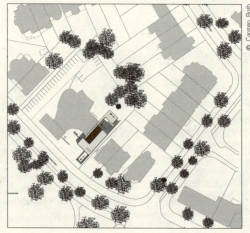

圣尼古拉教堂总图

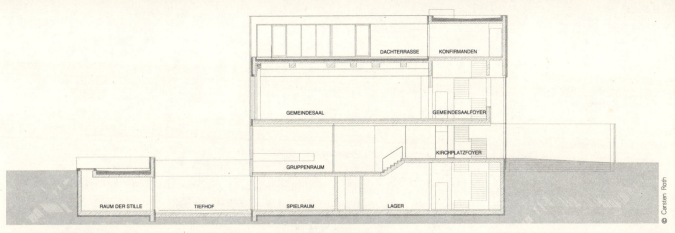

显示了空间向建筑纵深方向发展的纵剖面图（建筑渲染图强调了会众大厅显著的中心地位）

卡斯滕·罗特建筑师事务所

建造中与教堂的连接

屋顶平台的栏杆细部以及朝下看较低院落的沉默空间

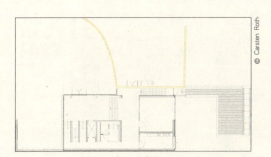
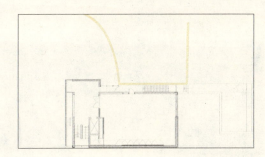
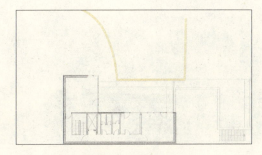

首层、二层和三层平面图

立面上的金黄色金属网指出了会众大厅的位置，这个内向建筑的中心漂浮在门厅和屋顶平台之间。对材料敏锐的选择和使用以及完美的细部将这个基底12m×21m的小建筑提升到了当代平均的建筑成就之上。

为了突出这个房子在建筑上预想的内敛和雅致，B+G为这个并不复杂的小建筑设计了一些非常规但仍可行的独特解决方案。为满足建筑意图，他们有时决定用一种较不直接的、较复杂的方式来支撑某些建筑构件：例如，一部分顶棚由柱子、托梁、反梁或立在地板上的墙来支撑或悬挂。

另外，在这个教区大厅之后，与卡斯滕·罗特（Carsten Roth）在汉堡有更多的合资经营，例如2003年在Rolands桥的行政建筑和目前在"Colonnaden"的行政建筑。

如果考虑到钟塔，宽大的屋顶平台看起来像一个内部空间

从入口到前院的视线没有柱子阻隔

毗连教堂和立方体钟塔的教区大厅的景象

悬挑性突出物下的入口

卡斯滕·罗特建筑师事务所

新展览会场地，卡尔斯鲁厄，2003 年

格贝尔建筑师事务所

地点：莱茵施泰滕－福希海姆(Rheinstetten-Forchheim)，展览区
业主：KMK 卡尔斯鲁厄 Messe-und Kongress 股份有限公司
竞赛：1999 年
建造时间：2001 年~2003 年 10 月
容纳空间：1163670m³
合作：
总体规划：格贝尔(Gerber)建筑师事务所股份有限公司，多特蒙德
建造：
钢屋顶盖：Max Bogl Stahl-und Anlagenbau 股份有限公司，诺伊马克特(Neumarkt)
木屋顶结构：WIEHAG 股份有限公司，阿尔特海姆(Altheim)，奥地利；Moser 股份有限公司与 KG 公司，梅尔茨索森(Merzhausen)；舍费尔(Scheffer)外墙科技公司，萨森贝格(Sassenberg)；Zambelli 股份有限公司，格拉弗瑙(Grafenau)
工作范围：概念设计、设计、正式设计、细部设计（除特殊的方案之外，WIEHAG 股份有限公司），屋顶结构的现场监督
项目工程师：约尔各·施奈德，马丁·特劳茨(Martin Trautz)

这个新展览会位于卡尔斯鲁厄郊区的一个前机场，交通便利。一个"绿轴"构成了这个综合体的功能中枢而且将它融合进景观之中。主入口被一个悬挑出 25m 的顶盖所强调，它搁置在一个 175m 长的能容纳所有主要功能的 3 层建筑上。它朝上开向一个高耸的多功能大厅，形成一个复合体的入口。沿着一条参观路线，四个展览大厅被对称地排列并通过走廊直接联系。这四个大厅的概念提供了一个精炼的布局，它可以利用庭院作为快速通道。

展览大厅都是 82m 宽、170m 长，而且有一个简支跨度达 77m 的屋顶，提供了一个 12500m² 的无柱展览区域。每一个屋顶被分为五个分隔并由天窗划分。在两端的分隔比其他分隔宽且仅有一个凹入的边，而里面的分隔两端都是凹入的边。筒形壳体横跨四个展览大厅。它们由长达 40m 的胶合层压木拱梁、预应力拉杆、V 形实心钢杆件和跨在其间的屋顶壳体组成。这个结构上面的覆盖物：在三个标准大厅上是一个木质的夹芯板壳体，在容纳 14000 名参观者的（以其赞助人命名的）多功能大厅上是一个格构壳体。

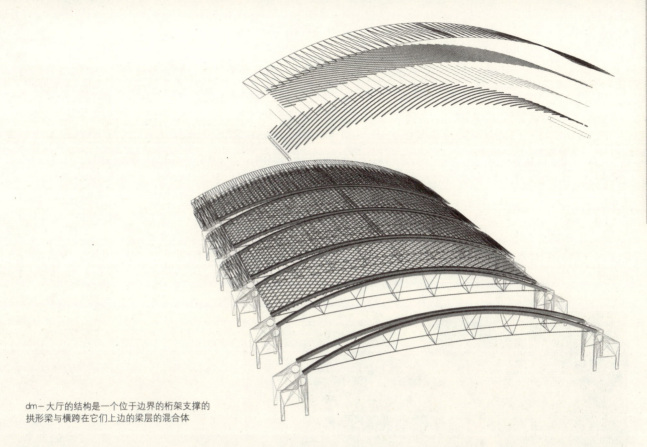

dm-大厅的结构是一个位于边界的桁架支撑的拱形梁与横跨在它们上边的梁层的混合体

格贝尔建筑师事务所

四个展览大厅成对地沿着一个"绿色轴线"排列并通过入口建筑从中间进入的清晰的布局

为了防止大屋顶的水平向变形破坏天窗玻璃并避免劳动力和造价密集型的深基础,屋顶部件由可控制变形的连接件支承,在这里它是首次被使用。复合木板被用作三个标准大厅的内部装修。dm-大厅的结构在形式上使人联想到措林格(Zollinger)的建筑方法,但它是由上下两层拱组成的,而不是在一个平面里。这个优势通过现代层压木技术变为可能。这些层压梁形成了从下部看到的可见结构。

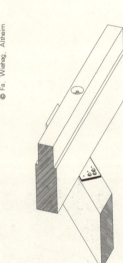

多功能大厅:连接细部、实际形式、断面大样和等角图

对比所谓的措林格壳体，dm-大厅的格构壳体由上下双层拱形梁组成

横跨梁层的所有连接从下面都是不可见的，以便得到一个平静的整体视觉印象

格贝尔建筑师事务所

dm-大厅的筒形壳体相对于标准大厅的屋顶壳体是一个更为显著的变异

格贝尔建筑设计和 B + G 合力在一个两阶段的竞赛中发展了卡尔斯鲁厄新展览会的建筑和结构的概念。在设计过程中，针对技术、经济和后勤需要进行了改变，以满足严格的造价和时间表。这个进程导致了在结构设计、分析和结构细部上非常规的想法和解决措施。

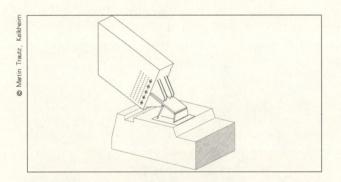

建造在多功能大厅山墙位置上的末端横梁细部的等角图

绑扎在末端横梁上的拱梁基座处的钢筋细部

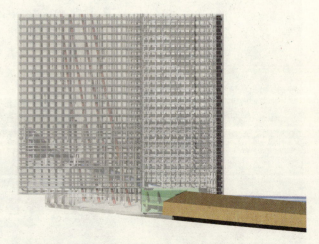

末端横梁的功能是如此复杂，以致需要一个对钢筋精确的 3D 设计

多功能 dm-大厅

标准大厅

一个钢顶盖强调了 175m 长的入口建筑的主入口功能。加在屋顶上的结构通过一个光槽保持可见

格贝尔建筑师事务所

Weser—/Nidda 街行政楼，法兰克福／美因，2003 年
KSP 恩格尔和齐默尔曼

地点：法兰克福／美因，Weser 街／Nidda 街

业主：DEGI 德国房地产基金股份有限公司 (DEGI Deutsche Gesellschaft fur Immobilienfonds mbH)，法兰克福／美因

竞赛：1999 年

建造时间：2001 年～2003 年 6 月

容纳空间：105000m³

合作：
KSP 恩格尔和齐默尔曼 (KSP Engel und Zimmermann) 股份有限公司，法兰克福／美因

工作范围：概念设计、设计、正式设计、细部设计、现场监督

项目工程师：理查德·特勒伦贝格

关于这个建筑体量分配的有趣的一点是在一个紧张的基地上的高密度和巨大的空间复杂性：办公空间成组以一个 X 形的布局围绕着一个中庭，以便建筑的中心直接与周围的街道和公共空间联系。结果，庭院为建筑深处引入了景观而且提供给上部楼层自然的阳光；另外还建起了花园平台。一个宽敞大跨的入口引导参观者进到中心非常明亮的有店铺、自助餐厅和咖啡店的玻璃中庭。点支承无梁楼板的办公室楼层在建筑角部变宽，允许一个多形式的布局（开放的平面、单独房间的办公室和多功能办公室）并充分配备全部设备。3 层地下停车场和技术设备层被填入建筑基坑。

显示以成角度的美因茨 Landstrasse 定向的街区俯视

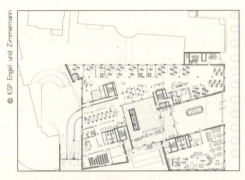
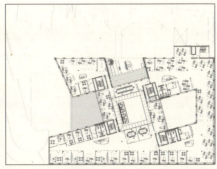
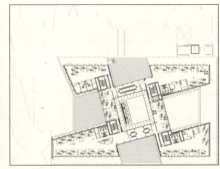

有通向中庭的入口的首层平面

五层平面显示了切割的灵活开敞的办公层布局

七层平面显示了侧翼和花园平台的X形布局

现场照片显示了将要横跨入口的带双头螺栓连接件的巨大钢梁

组合体量和几何复杂性的潜在设计主题也被应用到立面的构成。宽幅的水平向窗下墙依次托起简支的、带窗间墙的组合窗列，窗间墙不是垂直成线而是每层移位。因此，开孔立面的结构在那些最大荷载出现的区域由复合钢梁和柱建造。由于底部的窗下墙不得不承受增加的荷载——特别是在入口和通道上部长达 21m 的跨度——125cm 高的高钢含量带双头螺栓连接的复合钢梁被使用，以确保钢和混凝土的连接。这些覆盖了深色光泽的天然石材的外墙与核心筒和山墙一起成为建筑仅有的稳定性构件。

KSP 恩格尔和齐默尔曼是 B + G 在他们的法兰克福／美因本部密切而长期的合作伙伴。他们已经一起完成了很多建筑，其中包括 1993 年在法兰克福按照当地保护规程对曼哈顿高层建筑的改造、1996 年莱比锡 Dresdner 银行的行政中心、1997 年的 Hofheim 车站、1999 年奥芬巴赫 Sparkasse 总部、1999 年莱比锡 Veterinary 医疗中心、2000 年威斯巴登市政设施、2002 年的法兰克福警察总部和许多法兰克福的行政建筑。目前，他们被委托设计新的 Saarbrucken 科学中心。一直以来，工程师们致力于用适当的结构和材料来支持建筑概念。

显示柱内竖向荷载增加的应力分析

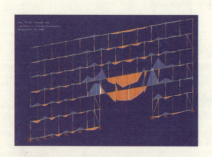

显示了大跨度窗下墙内的弯矩的应力分析

中庭入口，跨度 21m

在银行区新的综合体的角部

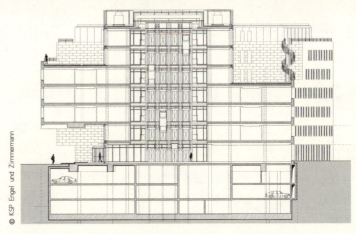

剖面图显示了巨大的复合结构被用于大跨度

KSP 恩格尔和齐默尔曼

有光滑内饰的玻璃走廊的明亮中庭

8号飞机库，萨尔茨堡，奥地利，2004年

阿特利尔·福尔克马尔·布格施塔勒

地点：萨尔茨堡 (Salzburg)，沃尔夫冈－阿马多伊斯－莫扎特 (Wolfgang-Amadeus-Mozart) 机场，奥地利

业主：红牛股份有限公司，Fuschl am See，奥地利

开始设计：1996年

建造时间：2002年9月～2003年8月

容纳空间：26700m³

合作：
阿特利尔·福尔克马尔·布格施塔勒 (Atelier Volkmar Burgstaller) ZT股份有限公司，萨尔茨堡，奥地利
帕吉茨·梅塔尔帕奥，弗里萨赫 (Friesach)，奥地利

工作范围：概念设计、设计、正式设计、细部设计、现场监督

项目工程师：库尔特·波朗斯 (Kurt Polanec)

"红牛给你翅膀"——这个广告口号比所想的拥有更多的真实性。因为这个饮料公司的所有者已经收集了10架独特的飞机："飞牛"的飞机停放在萨尔茨堡机场的一个特别地段。7号飞机库（有4000m²的面积是两个水滴状玻璃大厅中较大的一个）是一个带餐馆的公共展览厅，对面的8号飞机库有2588m²面积用于飞机的检修、保管和保养。由于复杂的椭球体形状和无约束跨度的桥式结构，7号飞机库是一个引人注目的建筑。而它的小兄弟被恰当地设计成一个最经济的格构壳体，以得到一个低的分布荷载。其表皮是对格拉茨艺术中心气泡结构坚决而彻底的发展，令人回忆起1924年由瓦尔特·鲍尔斯费尔德 (Walther Bauersfeld) 设计的耶拿天文馆的样式。令人难以置信的60mm厚的极薄的壳体跨过整个40m的距离，并包含一个纤细的三角形的应用喷射技术的喷涂混凝土铁条网。

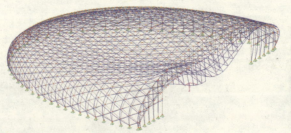

变形图像：由穿过前侧墙体的垂直断面引起的壳体内弯

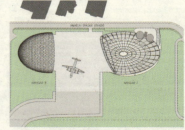

8号（左）和7号（右）飞机库的总平面图

两个结构构件的接合点

焊接的接合点

阿特利尔・福尔克马尔・布格施塔勒

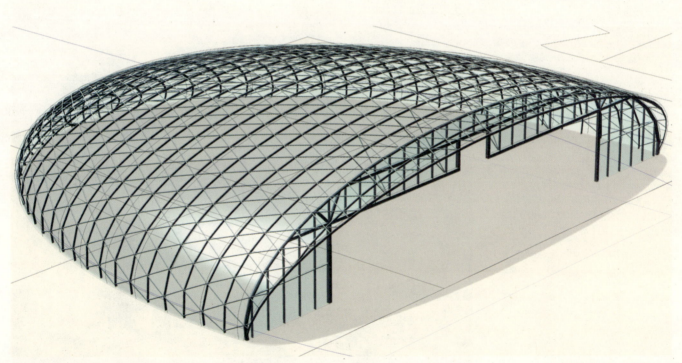

由平行的肋和三角形圆管网组成的整个结构体系

8号飞机库的基本形式是一个完整椭球体的1/4，宽63m、长58m。承重结构是一个格栅式壳体，由横截面为82.5/240mm的T形主肋和其上的直径为82.5mm的三角形圆管网组成。这些横截面是有利的，因为有同样厚度的外形导致更为简单的空间接合，使得焊接容易多了。特制的T形形状是由预先挤压成型的两半焊接在一起的。1650块由双曲面隔热玻璃制成的填充板，大多数半透明而在选取的区域透明，用玻璃压条直接胶合在这些管件上。最大的挑战出现在前侧玻璃墙体，它出乎意料地垂直切断了壳体，导致非常不利的弯矩。因此，这个墙只能被设计得刚度很大，而且相对于纤细的壳体结构更为坚固。

在提升平台和临时支柱的帮助下装配

由于壳体切割导致巨大的荷载，前侧墙体比屋顶更为坚固

椭球体的末端，部分已覆盖三角形嵌板

阿特利尔·福尔克马尔·布格施塔勒

装配过程中有经验的沿绳滑下的装配工

这个建筑展示了工程学艺术最完美的一面,它可以在媒体对大飞机库关注的阴影中沉着平静地生长。B+G已经和金属营造商帕吉茨共同开发了许多工程,如德累斯顿UfA-Palast(见第54页)和BMW气泡(见第70页),在这个案例中从一开始也向工程师们进行了咨询。

8号飞机库

内部景观

阿特利尔·福尔克马尔·布格施塔勒

完成后的飞机库的景象

MARTa 博物馆，黑尔福德，2004 年

盖里合伙人 LLP/炼金术工作室 (Archimedes)

地点：黑尔福德 (Herford), Goeben 街 4～10 号

业主：Gemeinnützige Gesellschaft für Möbel, Kultur und Kunst mbH，黑尔福德

开始设计：1999 年

建造时间：2001 年 4 月～2004 年 11 月

容纳空间：37900m³

合作：
盖里合伙人 LLP, 加利福尼亚州圣莫尼卡, 美国
黑尔福德/哈特维希·鲁尔克特建筑规划公司炼金术工作室 (ARCHIMEDES Bauplanungsgesellschaft mbH Herford/Hartwig Rullkötter), 黑尔福德

建造：
混凝土结构：法·祖德布拉克 (Fa. Sudbrack), 比勒费尔德
钢结构联合投资：
Hofmeister Dach + Asphalt 股份有限公司，黑尔福德；KSI 波鸿，Fritz Kummrow 钢结构股份有限公司，费登/阿勒尔 (Verden/Aller)

工作范围：概念设计，设计，正式设计，细部设计

项目工程师：古德龙·朱阿拉，亚历山大·伯杰 (Alexander Berger)

东威斯特伐利亚 (Easten Westphalia) 是绝大多数德国家具生产和供应商的发源地。一座全新的设计和艺术博物馆（让·赫特是首任馆长）的建设由"家具之家"这一原始概念发展而来。基于加利福尼亚建筑师弗兰克·O·盖里的构思，一座带有信号墙 (signage wall)（上面写有博物馆的名字）的现存厂房将与两个待建侧翼一起围合出一个U形前院，其中包括用来陈列临时展品的B区和进行重大活动的D区。另外，在建筑后部面向阿河 (Aa River) 的一边，将建造一个咖啡厅。当地的外饰面材料如红砖和白灰泥被采用，并且将辅以不锈钢片制成的波浪型屋顶结构。B区包括一个单层的混凝土综合体，这个综合体中有一个大致呈方形的中央空间（被称为穹顶 dome），周围被五个自由形的分隔空间所包围。阳光通过巨型天窗进入到这些空间中——穹顶的情况则是通过一个21m高的缩短角锥透射进来的。对面的D区是B区的拉长版。

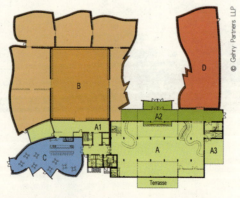

建筑各部分总平面

第一次的体块模型

体块模型的进一步发展

盖里合伙人 LLP / 炼金术工作室（Archimedes）

概念性模型，比例 1：50

关于结构，已知用于毕尔巴鄂古根海姆（Bilbao Guggenheim）的原则在这里也被采纳：在对模型进行一个精密的分析之后，建筑师得出了室内空间和雕塑性外部体型精确的 3D 数据。在这两层之间，为结构留下了足够的空间。所有弯曲的首层墙体被建在一个承重的隔热混凝土和饰面砖内。在一些区域，这些面砖甚至稍微有些凸出，因此局部的面砖层不得不将钢筋加入灰泥接缝。B+G 独创性地计划将双曲屋面当作可发展的规则表面来看待；笔直的次梁将被单曲主梁支撑。作为一种选择，次梁将被双曲主梁支撑。

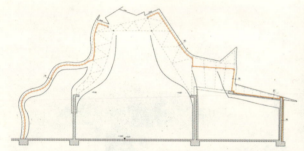

通过穹顶的剖面

穹顶内的模型照片

笔直的屋面次梁的透视图

盖里事务所里的不锈钢板实物大模型

 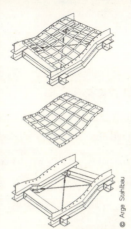

屋面内部的主次结构的实物大模型　　　　　　　　　　双曲次格构壳体的实施方案

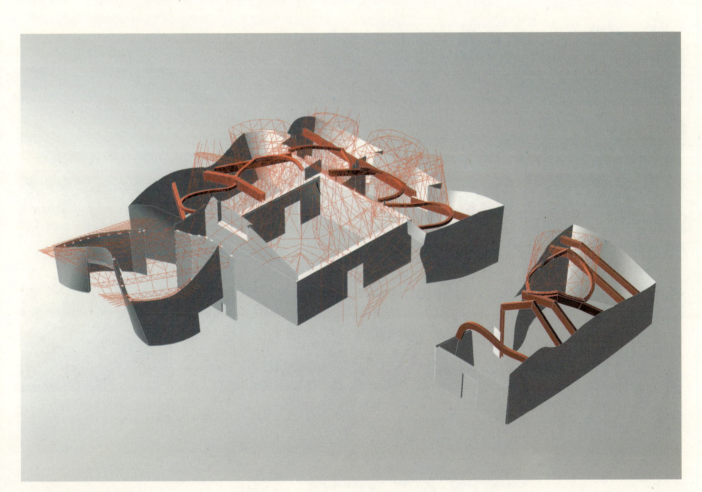

B区屋顶结构，可看见双曲主梁

盖里合伙人LLP／炼金术工作室（Archimedes）

最后，结构以完全不同的方式被完成，因为作为次要结构的坚固的双曲格构梁尽管具有复杂的几何造型，但在造价上被证明是更经济的。单独的钢肋由电脑数值控制的激光切割，并且被组装成 750 个每个尺寸为 2.75m×1.5m ~ 8.5m 的、可运输的有序组件，并且覆有一层薄薄的金属片。它们将被安装在 H 形主梁上，这些梁以最长 18m 的分段运至现场。所有钢构件都依据 3D 数据预制完成，并且相对于上述结构而言，不太精确的混凝土结构的不精确性也有可能得到补偿。位于保温和密封层上部的完成面是 2m×1m 的不锈钢板，在现场焊接到一起形成 3m×11m 的帆形物，并且被重叠固定在格构壳体上。

复杂的木质模板部件是基于 CAD 数据生产出来的

为波浪式墙体设置的钢筋和对接模板部件

B 区的室外混凝土墙的后部

工艺精湛的砖墙，从图中可以看见灰泥接缝内的混凝土嵌入式托架

小河边咖啡厅的混凝土结构

咖啡厅的屋顶钢结构包括主要桁架和一个次要的格构壳体

前景中是 B 区的整个混凝土结构，摄于 2003 年春季

弗兰克·O·盖里与他的德国合伙建筑师哈特维希·鲁尔克特／炼金术工作室(Hartwig Rullkötter/Archimedes) 在这个地区已经建成了许多建筑，并且在早期就被委托承担 MARTa 工程。B+G 参加了公开招标。评委会对委托的一个先决条件就是与其他国际上出色的执业建筑师合作的一个被证实的跟踪记录。

MARTa 博物馆

组合格构壳体的安装

2004年3月的基地照片：将来的形状已经清晰可辨了

盖里合伙人LLP／炼金术工作室（Archimedes）

B区天窗的上凸状态强调出了成形的混凝土与波浪型钢格构壳的生动对比

中德多媒体中心（MMZ），哈雷，2005 年
Letzelfreivogel 建筑师事务所

地点：哈雷（Halle），Mansfelder 街/Anker 街

业主：哈雷城，中德多媒体中心股份有限公司，哈雷

竞赛：2000 年

建造时间：2002 年 8 月～2005 年/2006 年

容纳空间：80000m³

合作：
Letzelfreivogel 建筑师事务所，哈雷

工作范围：概念设计、设计、正式设计、细部设计、现场指导

项目工程师：理查德·特勒伦贝格

MMZ 位于萨勒河（Saale River，易北河主支流），与 MDR 无线广播演播室、Burg Giebichenstein 艺术与设计大学和研究院（the university and the academy for art and design Burg Giebichenstein）毗邻，将成为萨克森－安哈尔特州（Saxony—Anhalt）媒体开发区的焦点。这座具有创新性的中心的建造得到了补助，它由三个锐角体量组成：基座、"立方体"和"漂浮单元"。除了演播室设施的石材基座在下部的 3 层地下室中容纳了排练厅和停车场。临河的建筑基坑是一个非常昂贵的产物，它耗费了建筑结构总造价的 1/4。因其重量比所产生的浮力小，所以抗拔桩将地下结构定位。3 层高并且稍微有些倾斜的立方体均匀覆盖着明亮的天然石材，内设空调空间，比如一个具有代表性的观众厅和一些演播室。金属面层的漂浮单元沿着一条由临近道路定位的曲线布置，其中容纳了 100 多间配备了高端技术设备的房间。从建筑设计和结构方面而言，这个体块是最为显著的一个：它巧妙地调和了基地和哈雷市中心之间的关系，标志出城市的入口。

模型

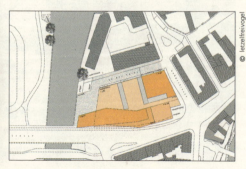

萨勒河边的综合体的总平面

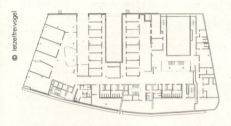

设有演播室的地下层平面图

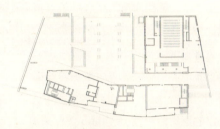

表示出漂浮单元和立方体的基座之上的首层平面图

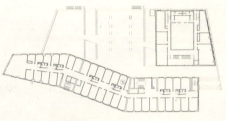

飘浮单元的三层平面图

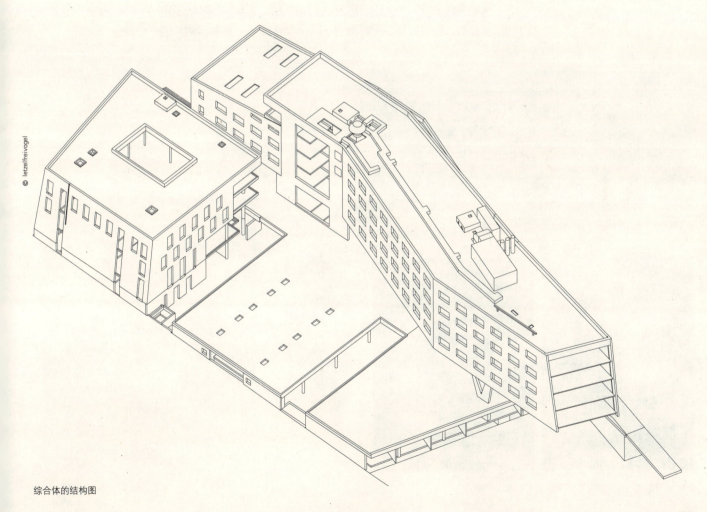

综合体的结构图

飘浮单元向着河的方向将其全长（全长为100m）的最后15m悬挑出去。悬臂前面的两个支撑是一个主要的结构挑战，因为每个支撑都承载一个重达2000t的荷载。为了应付掉荷载的作用，楼板被设计成一个钢复合结构，其中包括带有作为永久模板的7cm厚预制板腹的暴露的钢梁和一个7cm厚的现浇混凝土层。为了能够利用混凝土的热容（thermal mass），设备（services）将在吊顶下面的暴露管道中布置。两片有洞的立面外墙构成了真正主要的结构：它们形成了由8个点支撑的不带任何结构接缝的坚固的混凝土梁。配筋率如此之高，以至于它们几乎能够相当于钢梁了。在与蓝天组合作的里昂博物馆（见第66页）采用了类似的结构体系。

MMZ是由letzelfreivogel建筑师设计的第二个重要的建筑。2002年他们的第一座建筑是瑙姆堡（Naumburg）的DRK老年护理之家（care home），也是与B+G合作设计的。最近，他们一起赢得了另一个竞赛——萨勒河对岸的一个康复门诊所。

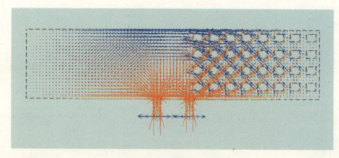

由悬臂引起的作用在V形支撑上的极端荷载的应力分析

混凝土浇筑之前V形支撑的高配筋率　　完工后的V形支撑

从庭院看到的纵向立面

2004年4月的现场照片,显示出飘浮单元的曲线

Zollverein 管理和设计学校,埃森,2006 年

SANAA／博尔与克雷贝尔

地点
埃森,Zeche Zollverein,Gelsenkirchner 街

业主
Zollverein 发展公司(Entwicklungs – Gesellschaft Zollverein mbH),埃森

竞赛:2003 年 1 月

建造时间:2005 年 1 月 – 2006 年

建筑总面积
GFA:4700m²

合作者
SANAA 小组,妹岛和世(Kazuyo Sejima)、西泽立卫及其合作者(Ryue Nishizawa & Associates),日本东京
博尔与克雷贝尔(Böll und Krabel)建筑设计,埃森
SAPS／佐佐木及其合伙人结构工程学,日本东京
Transsolar Klima 工程学,斯图加特

工作范围
概念设计、设计、正式设计、细部设计、现场指导

项目工程师:霍尔格・特歇

　　R・库尔哈斯／OMA 设计了一个总体规划,其中包括 2001 年 12 月被授予世界文化遗产的过去世界上最大的煤矿"亮点"。第一座"亮点"建筑现在将被建设在 Wilhelmi 螺丝厂的旧址上。概念性设计构想了一个边长为 35m 的超尺度立方体,以试图与其近邻:由弗里茨・舒普(Fritz Schupp)和马丁・克莱默(Martin Kremmer)设计的理性主义的工业建筑进行一场正式的对话。设想将立面作打孔处理,以使建筑的纪念性特征有透视效果。为了这次竞赛,设计师们设计了多达 3500 个非常小的窗户;四种不同尺寸的大约 150 个窗户在设计修改后得到了保留。它们的分布遵循功能要求并避免打乱一个厚重体量的整体效果。依据不同功能,如观众厅(4.5m)、图书馆(5m)以及演播室(10m)等而确定的不同层高的 4 层被依次摞起来。

Zollverein 煤矿的鸟瞰,白色立方体标明了未来的设计学校

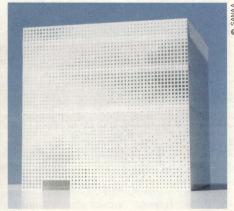

竞赛模型,表现出作为变化的孔洞的成千上万个小窗户

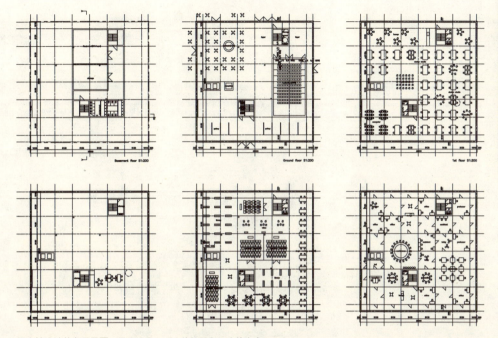

概念性设计的各层平面,显示出 5m×5m 的柱网和周边的走廊

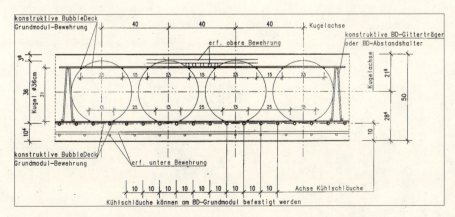

50cm 厚暴露的混凝土厚板的断面,可以看见发泡板体系(Bubble Deck system)的塑料球

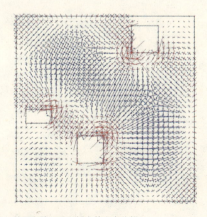

第二和第三层顶板中的应力分析

开敞的楼层平面通过玻璃隔断进一步被分成一个个的盒子，这样尽管进深很大，也有充足的阳光进入到建筑物中。由于三个可能的钢和玻璃的建筑已经在结构计算中加以考虑，所以未来空间布局的变化就大致上成为可能。7.5m高的顶楼具有三个巨大的屋顶洞口，作为一个屋顶花园和参观者的观赏平台。六个5m×5m的采光井为下面吊顶高度相对较低(3.2m)的办公空间提供了额外的阳光。

这个不同寻常的、宽大且空间复杂的立方体的结构包括了以下部分：由两根复合钢柱[具有为荷载转换而设的钢环形带(steel collar)的Geilinger系统]支撑的无梁楼、三个核心筒和外墙。50cm厚的板通过加入塑料球（发泡板体系）使重量减轻了30%。外墙是近乎白色的单片(single-leaf)建筑混凝土墙，没有任何接缝，墙厚为30cm。这通过加入一个"动态保温(active insulation)"系统而成为可能——30℃的地下水将在混凝土包裹的细管中循环，这种系统通常被用于激活无梁楼板中的混凝土核。无论如何，水的获得或多或少是免费的，因为在旧煤矿的前提下水是从1000m的深度抽上来的。

窗户重新分布后的修改模型

立面的力矩分布分析图

SANAA／博尔与克雷贝尔

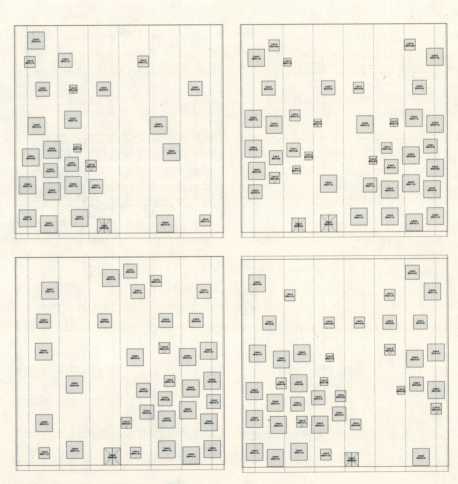

从室内看所有立面开洞的图示

与 SANAA 小组的合作对 B + G 来说是崭新的，因为在这个竞赛的第二阶段，他们分别是两个参赛者的顾问。他们最终被业主选中，并且现在正在协助日本建筑师及其结构工程师在当地条件下实现自己的目标。同时，他们也被委托在 SANAA 小组第二个欧洲工程中工作，那是一个巴塞尔 (Basle) 制药厂新建筑——Novartis（计划完工时间也是 2006 年）。然而，后者的主题不具有坚实的可靠性，相反却是没有任何核心筒和板的几乎完美的通透性。

首层观众厅的模型

屋顶花园向着天空敞开，并且被用作一个在地面以上 26m 高处的观赏平台

通过天井阳光进入到第四层

第二层(10m高的演播室)的模型

SANAA／博尔与克雷贝尔

金融中心 Dexia BIL，卢森堡，2006 年

法斯科尼合作伙伴／让·珀蒂

地点：Esch, Belval-West, Square Mile, 卢森堡

业主：DEXIA 卢森堡银行 (Banque Internationale du Luxemburg S.A.)，卢森堡

竞赛：2002 年 4 月

建造时间：2003 年 9 月～2006 年／2007 年

容纳空间：570000m³

合作：
法斯科尼 (VASCONI) 合作建筑师事务所，巴黎，法国
让·珀蒂 (Jean Petit) 建筑师事务所，卢森堡
西蒙与克里斯蒂安森工程咨询 (Simon & Christiansen Ingenieurs Conseils S.A.)，卡佩伦 (Capellen)，卢森堡

工作范围：设计、正式设计、细部设计、现场指导

项目工程师：古德龙·朱阿拉·马蒂亚斯·施特拉克 (Matthias Stracke)

卢森堡南部遍布矿井和钢厂，它们现在已经废弃，正等待被开发。根据荷兰建筑师 J·克嫩的一个总体规划，四个新区中的一个将被建成多用途的居住和商业区。一个新的金融中心将构成这个规划布局中的一部分，最初为 1700 名雇员，今后将容纳 3700 名。第一阶段将包括一座 73m 高的显眼的高层建筑，形状就像一个弯曲的圆盘，它将与另外两座较小的高层建筑一起形成一个街区。一个玻璃顶的中庭将构成它的中心。在后期，用玻璃天桥将第一个街区与其他两个作为第二阶段的一部分被建设的街区连接起来。在一个城市规划的尺度上，高层建筑充当着保留的大型炼钢炉和巨大的砖质烟囱的一个平衡元。ARBED 钢铁制造厂作为这块基地历史的一个见证，结构显然将以钢材制作，并且采用由红釉和玻璃构成的一个面层。

 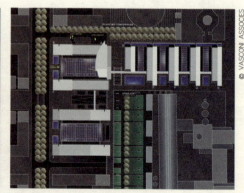

竞赛模型，显示出在高大的工业建筑环境中玻璃的弯曲圆盘

竞赛总平面——在第一阶段中，左侧靠上的街区将被建设

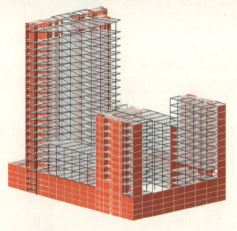

整个综合体支撑的计算三维模型

竞赛透视图：玻璃天桥将高层建筑与其他建筑相连接

一座高层建筑被限定去顺应"自然火灾专项技术"(natural fire expertise),在欧洲还是第一次:在这种情况下,不需要将钢结构包在防火材料中,而是可以暴露在外。I型断面包括了一个起上弦作用的带双头螺栓连接件的宽翼缘和一个实心60mm的圆钢形状的下弦。设备管道将在吊顶上方最高70cm的网(web)中输送。放射状梁支撑着一块仅厚14cm的现浇混凝土板。立面之后1m处具有整体钢断面的圆形复合混凝土灌注钢柱——其直径是交错的,从首层的60cm减小到较高楼层的40cm。楼层平面的其他部分是无柱的。这座建筑被认证"适合欧盟使用",还需有利于可能的出租。为得到这一认证,它必须满足"无累积倒塌"(non-progressive collapse) 的要求,也就是说,如果一个柱子出了问题不至于导致整幢大厦的坍塌。通过一个复杂的梁/柱和墙/钢筋连接的三维张拉体系,可以实现这个目标。从设计角度来说,中庭的玻璃屋顶结构是充满趣味的:建筑师设想了一个"平衡在办公别针上的格栅"的形象,这个可以通过用以支撑结构的V形支柱的自由布置来实现。V形支柱的圆管由铸造钢节点固定在上部屋顶梁和稳定索缆之间。以一个Z形的角度,玻璃屋顶横跨40m的中庭以及邻近建筑25m高的立面。

这是B+G首次与克劳德·法斯科尼合作。与和蓝天组合作的里昂博物馆类似,在这里一个当地的建筑学和一个工程学事务所也是这个团队的一部分。

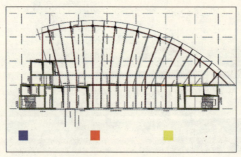

高层建筑上部的标准层平面显示钢梁和柱的布置

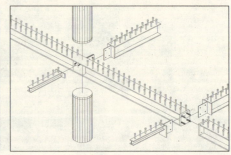

复合柱与钢梁和悬臂梁的连接

大量自由定位的"办公别针"(office pins)的透视图

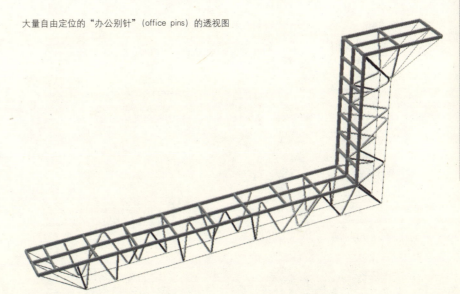

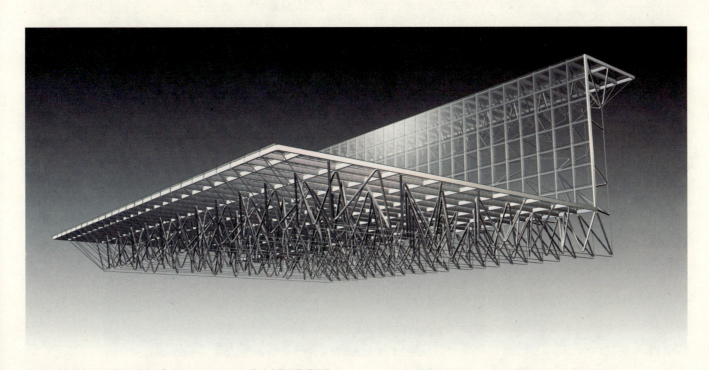

像一个"平衡在办公别针上的格栅"(grillage balancing)的玻璃屋顶的透视图

法斯科尼合作伙伴／让·珀蒂

211

欧洲中央银行（ECB），法兰克福／美因，2003～2009年

蓝天组

地点：法兰克福／美因，Sonnemann大街
业主：欧洲中央银行，法兰克福／美因
竞赛：2003年12月
计划建造时间：2005～2009年
容纳空间：766000m³

合作：
蓝天组，维也纳，奥地利
布赖恩·科迪，ARUP德国建筑设备，柏林

工作范围：概念设计

项目工程师：阿内尔·金斯特勒（Arne Kunstler），马蒂亚斯·施特拉克

新的欧洲中央银行(ECB)将建在法兰克福东部具有纪念意义的Groβmarkthalle[交易厅——1928年由马丁·埃尔泽塞尔(Martin Elsaesser)设计]的基地上，并与之联系在一起。竞赛获胜的设计通过在后部面对美因河的位置设置一个相似比例的"地面铲土机"，使这座令人印象深刻的220m长、52m宽，建筑风格为表现主义工业建筑的砖房扩大了一倍，这部分容纳了公共功能和电子数据中心。水平体量之外升起了突出的150m高的双子塔，它们通过一个通高的玻璃中庭连接。从任何一个视点，在观察者眼中不断改变立面的扭转的雕塑式建筑看起来都像一个地标。双子塔之间的中庭和它上面的所有天桥及特征都鼓励了员工之间进行活跃的交流；一座"垂直城市"是其终极目标。拥有2500个工作场所和超过200000m²的总建筑面积，目前它是德国最大规模的建筑工程之一。

展现了法兰克福天际线的竞赛设计方案的效果图

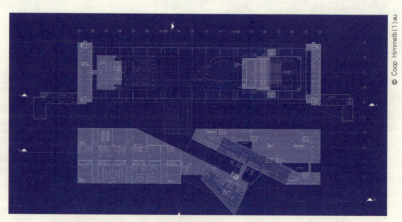

设有交易厅和地面铲土机（groundscraper）的首层平面

交易厅的总平面

蓝天组

建筑模型显示出扭转的立面

213

两座高层塔楼的外墙形成了结构立面，承担着垂直荷载并且通过组合桩板基础（combined pile-slab foundation）将它们传递到地面。作为各层平面一部分的核心筒增加了各个塔楼的强度并且消减了由部分倾斜的立面所产生的水平力。双子塔之间的这些天桥、坡道和大量的楼层板有效地将两座塔楼联系在一起，以构成统一的结构体系。楼层板被设计成特殊的密肋楼板允许灵活的平面布置，不被任何柱子所妨碍。在边缘部位，板厚25cm，允许横向设备管道的安装。肋被布置在板顶，并且间隔1.2m垂直延伸到边缘，其结构高度为50cm，而板厚仅为12cm。这样一来就能够获得一个充足的下部空间，同时跨度长达20m的板的重量也能够明显地减轻。建筑设备布置在肋间。沿着周边全长，除了与核心筒成直线布置的柱子之外，与承重外墙齐平的系梁也支撑着顶棚。

迄今为止，这项工程成为了蓝天组和B+G（见第56页）之间合作的巅峰。2004年春天，这项竞赛的前三名获胜者修改了各自的设计；预计2004年末评委会将做出最终决定。在1997年与HPP合作的柏林工程Spittelmarkt之后，对于工程师而言，这也许并不是第一个高层建筑项目——但是毫无疑问，却是最具有挑战性的。

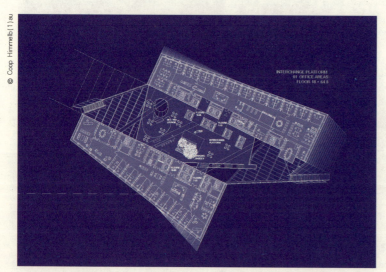

双子塔的标准层平面

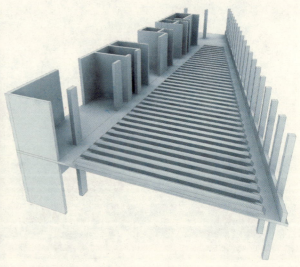

密肋楼板的透视图

交易厅和带中庭的双子塔的横断面

带有交流区域的中庭透视

蓝天组

由静荷载和风荷载引起的核心筒的变形

工程师学术背景

克劳斯·博林格
1952年生于施帕尔特(Spalt)，Kreis Roth/巴伐利亚
教育背景
1984年获得博士学位
1981~1984年任Dr.-Ing. E. h. Stefan Polónyi教授的助教，多特蒙德大学(Universität Dortmund)
1972~1979年学习土木工程专业，达姆施塔特工业大学(Technische Hochschule Darmstadt)
学院职务
1999~2003年，建筑学院院长，实用美术大学(Universität für Angewandte Kunst)，维也纳，奥地利
2000年至今，客座教授，史泰德艺术学院(Städelschule)，法兰克福/美因
1994年至今，建筑学院结构工程专业全职教授，实用美术大学，维也纳，奥地利
1984~1994年，结构工程专业讲师，多特蒙德大学(Universität Dortmund)，史泰德艺术学院，法兰克福/美因
事务所经历
2003年，在奥地利维也纳，建立了博林格·格罗曼·施奈德ZT股份有限公司
1983年，在达姆施塔特建立博林格+格罗曼，后来迁至法兰克福/美因
1980~1981年，在达姆施塔特的克雷布斯与基弗工程事务所(Ingenieurbüro Krebs und Kiefer)受雇为工程师
1979~1980年，在法兰克福/美因的工程公司BGS受雇为工程师
出版物
Publications
with Schardt, R., Zur Berechnung regelmäßig gelochter Scheiben und Platten, Bauingenieur 56, 1981, S. 227-239
with Polonyi, S., Ansätze in der Konzeption des Stahlbetons, Die Bautechnik 60, 1983, Heft 4, S. 109-116
with Polonyi, S., Block, K., Bewehren nach neuer Stahlbetonkonzeption, I. Der Balken, die Kreisplatte, die innere Steifigkeit, Die Bautechnik 61, 1984, Heft 12, S. 422-431
Bewehren nach neuer Stahlbetonkonzeption, II. Tragverhalten von rotations-symmetrisch beanspruchten Stahlbetonplatten, Bautechnik 62, 1985, Heft 11, S. 378-385
Auch ein Rohbau muß schön sein, db 12/99, S. 104-106
with Trautz, M.: Formunvollendet, db 11/01, 04/2001, S. 105-112
Berechnung rotationssymmetrisch beanspruchter Stahlbetonplatten mit Ringbewehrung in: Bauwerksplanung, Verlag Rudolf Müller, 1990
Seebrücke und Pegelturm Goitzsche, Bautechnik, 2001, Heft 4, S. 256-262
Nordpolbrücke Bochum, Stahlbau, 2001, Heft 4, S. 258-261
with Bollinger+Grohmann, Freie Formen in tragfähige Gebäude verwandeln, in: Dynaform, Architecture as Brand Communication, ed. by Gernot Brauer, Birkhäuser, 2001
with Trautz, M.: Die Tragkonstruktion der Gebäude für die Neue Messe in Karlsruhe, Bautechnik 80, 2003, Heft 11, S. 757-765

曼弗雷德·格雷曼
1953年生于埃默茨豪森/陶努斯
教育背景
1981~1982年，助教，地基与基础力学学院(Institut für Grundbau und Bodenmechanik)，达姆施塔特工业大学
1973~1979年，学习土木工程专业，达姆施塔特工业大学
学院职务
2000年至今，客座教授，史泰德艺术学院，法兰克福/美因
1998年至今，建筑学院结构工程专业全职教授，卡塞尔综合艺术大学(Universität Gesamthochschule Kassel)
1996~1997年，建筑学院结构工程专业副教授，卡塞尔综合艺术大学
1995年，建筑学院讲师，达姆施塔特工业大学
事务所经历
2003年，在奥地利维也纳，建立了博林格·格罗曼·施奈德ZT股份有限公司
1983年，在达姆施塔特建立博林格+格罗曼，后来迁至法兰克福/美因
1982~1983年，独立执业工程师
1979~1981年，在法兰克福/美因的Wayss+Freytag公司受雇为工程师
研究和发展领域
博士学位论文，Dr.-Ing. Johannes Liess，2001年：压缩的结构玻璃构件的尺寸 (dimensioning of structural glass members with compression)，安第斯地区本地建材的被动式太阳能系统的抗震建筑的开发 (development of earthquake resistent buildings with passive solar systems from local construction material in the Andes)，Gernot Minke教授，卡塞尔综合艺术大学；与开发商合资的包含房屋建造要素的建造系统 (constructions systems with elements for housing construction in joint ventures with developers)；
堆积结构的结构体系 (structural systems of stacked structures)；建筑结构的支撑体系 (bracing systems in building construdion)；
适应性结构的设计与开发 (design and development of adaptable structures)；
数字化工作流程：从设计到生产连续使用相同数据模型的设计工具的开发 (digital workflow; development of planning tools to use same data models continuously from planning to production)；
使用FE-和桁架程序解决设计中建筑师和工程师的结构选型问题 (use of FE-and truss programs for architects and engineers for formfinding in design)；
高层建筑结构 (structures for highrises)，高层建筑手册 (Highrise Manual)，编辑：Eisele/Kloft, Callwey-Verlag，斯图加特，2000年

维也纳的合伙人
赖因哈德·施奈德 (Reinhard Schneider)
*1963年生于奥地利的布卢登茨 (Bludenz)
教育背景
1998年通过土木工程师考试
1985~1994年在维也纳的工业大学(Technische Universität)学习土木工程专业
学院职务
2002年，讲师，维也纳科技大学
1998~2000年，助教，维也纳科技大学
事务所经历
2003年，在奥地利维也纳，建立了博林格·格罗曼·施奈德ZT股份有限公司
1999年至今，在法兰克福/美因与博林格+格罗曼合作
1998~2003年，独立执业工程师
1997~1998年，在维也纳的D.I.Rudolf Spiel ZT建筑工程公司受雇为工程师
1994~1997年，在Vasko及合伙人工程公司受雇为工程师
ZT建筑工程股份有限公司，维也纳

全体职员名单

Lydia Al-Momani
* Nebahat Alioglu
* Christine Anlanger
Reingard Apitsch
* Jürgen Aßmus
Olga Belenkaja
* Vincenco Bellia
* Alexander Berger
Mark Boehmer
* Birgit Braumüller
Sigrid Brell
Benjamin Buder
Yvonne Casey
Osama Dalileh
Desirée de Visser
* Klaas De Rycke
* Oliver Dering
Janis Dalloul
* Katja Diehl
Gudrun Djouahra
* Heike Ebert
Christine Fehlau
Xenia Fiebig
* Christof Finzel
* Simone Frey
* Jan Fritsdal
Asko Fromm
Kay Gänsler
* Andreas Gaisberger
Clemens Gans
Cristina Garcia-Alba
Ulrich Gerhaher
Andreas Geppert
Alexandra Giricz
Achim Große
Gisela Groth
* Bernd Heidlindemann
* Wolfgang Helm
* Arne Hofmann
* Lars Huber
Peter Illgmeier
Sabine Jockel
* Thomas Karas
* Walter Karst
* Doreen Kenzler
Andreas Kreutz
Lubov Kiradjieva
Beate Kisselbach
* Heike Kling
Harald Kloft
Hermann Koch
Christina Ködel
* Robert Krüger
* Arne Künstler
* Hendrik Laing
* Klaus Leiblein
* Mika Liami
* Kai Lieberum
Johannes Liess
Steffen Loschnat

Birgit May
* Michaela Mayer
* Florian Medicus
Daniel Meier
* Matthias Michel
Christoph Nahm
* Susanne Nowak
Florian Oberweger
Hanne Otto
Horst Peseke
* Daniel Pfanner
Markus Pfennig
Inge Pflügler
Karin Pittelkow-Hagemann
* Kurt Polanec
Robert Priewasser
Oskars Redbergs
Javier Retamal-Pucheu
Carola Rittershaus
Ahmet Sari
Erika Schaumann
Gisela Scheinig-Voigt
Karsten Schlesier
Elfi Schmitz
* Jörg Schneider
Thomas Schneider
Giesela Selbmann
* Ulrike Simon
Martin Skowronek
Uta Stewering
* Ulrich Storck
* Matthias Stracke
* Mathias Süß
* Babak Taleb Araghi
Katharina Tanzberger
* Holger Techen
* Kyra Thielmann
* Rainer Tietze
Martin Trautz
* Richard Troelenberg
Jutta Turba
Marcus Überreiter
Antje Ulrich
Pakize Varisli
Ulrich Vogt
Ulrike Voigt
Alexander Vonbank
* Michael Wagner
Svenja Wartha
Marion Weidner
* Thomas Weindl
* Matthias Witte
Ulrich Wuttke
* Monika Zehetner
Alexander Zierlinger
* Gregor Zimmermann

* 现任职员

编著者学术背景

克里斯托夫·博登巴赫 (Christof Bodenbach)
1960 年生于莱茵河畔凯斯特尔特 (Kestert am Rhein)
建筑专栏作者,居住于威斯巴登
2004 年 4 月至今,黑森 (Hessen) 州建筑研究院 (AKH) 公共关系人 (PR Person)
1991～2004 年,AKH 学院
2000 年,德国建筑师联盟 (BDA) 的特别成员
1997 年至今,讲师,FH 威斯巴登
1996 年,获得德国建筑研究院和 DAB 杂志授予的新闻业奖励
研究建筑学、德语、室内设计,
达姆施塔特,法兰克福／美因,卡塞尔,威斯巴登
木匠学徒

安德烈·夏扎 (André Chaszar)
1965 年,生于巴西的圣保罗
独立建筑专栏作者,居住于美国纽约市
独立执业的结构工程师
伦敦 AD 杂志的编辑委员会和有突出成就的编辑成员
《模糊界线》(Blurring the Lines) 的作者和编辑,一本关于 CAD/CAM 在建筑设计中应用的书,2004 年末出版

彼得·库克
1936 年生于英国的滨海绍森德区 (Southend-on-Sea)
居住并工作于伦敦
学习建筑学:
1953～1958 年,Bournemouth 艺术学院
1958～1960 年,伦敦建筑师协会
1961 年,联合编委:建筑电讯杂志 (archigram magazine)
联合创立者:建筑电讯集团 (Archigram Group) (1963～1976 年),2000 年度英国建筑师皇家学院 (RIBA) 金奖
大量关于建筑设计理论书籍的作者
1984～2000 年,教授,史泰德艺术学院法兰克福／美因
1990 年至今,系主任,伦敦大学 (University College) Bartlett 建筑学院

彼得拉·哈根·霍奇森 (Petra Hagen Hodgson)
1957 年生于美国加利福尼亚州帕洛阿尔托 (Palo Alto)
独立建筑评论家,居住于柯尼希施泰因／陶努斯 (Konigstein/Taunus)
2000 年至今,AKH 的自由顾问
1990 年至今,通讯记者,《结构、建筑与居住》(Werk Bauen Wohnen) 杂志
1988～1990 年,讲师,建筑历史,香港大学
1987～1988 年,馆长,香港 Altfield 美术画廊
1985 年,实习生 (traineeship),杜塞尔多夫城市博物馆 (Stadtmuseum Düsseldorf)
1981～1985 年,1977～1979 年,学习德语、艺术历史、文学,苏黎世大学 (Universität Zurich)

1979～1980年，学习德语、艺术历史、历史，弗赖堡大学(Universität Freiburg)

恩里科·桑特福勒 (Enrico Santifaller)

1960年生于慕尼黑

建筑专栏作者，居住于法兰克福／美因

2000～2002年，德国建筑师联盟领导委员会 (BDA) 成员，法兰克福／美因

2000年，德国建筑师联盟，BDA 特别成员

1997年至今，建筑师网站设计师

1997～2001年，德国 Bauzeitschrift 杂志的在线编辑

1995～1996年，奥芬巴赫邮报 (Offenbach Post newspaper) 编辑

1992～1994年，实习生法兰克福新闻报 (Frankfurt Neue Presse newspaper)

1990～1992年，自由专栏撰稿人和编辑

1985～1990年，在慕尼黑工业大学 (Technische Universität) 学习历史和社会学

彼得·卡克拉·施马尔 (Peter Cachola Schmal)

1960年生于旧厄廷 (Altötting)

教育背景

1981～1989年，学习建筑学，达姆施塔特工业大学

学院职务

1997～2000年，建筑设计讲师，法兰克福／美因的专业大学 (Fachhochschule)

1992～1997年，约翰·艾泽勒 (Johann Eisele) 教授的助教，达姆施塔特工业大学

事务所经历

2000年至今，法兰克福／美因的德国建筑博物馆 (DAM) 馆长

1992年至今，独立建筑评论家和建筑师

1990～1993年，受雇建筑师，艾森巴赫建筑事务所，法兰克福／美因－采珀林海姆 (Frankfurt/Main-Zeppelinheim)

1989～1990年，受雇建筑师，贝尼施及其合伙人，斯图加特

出版物

2003年，《轻质结构》，约尔格·施莱赫与鲁道夫·贝格曼，编辑为 Annette Bögle, Prestel, 慕尼黑

2002年，德国建筑，DAM 年鉴，编辑为 Ingeborg Flagge, Wolfgang Voigt, Prestel, 慕尼黑

2002年，阴影的秘密，建筑中的光影，编辑为 DAM, Wasmuth, 蒂宾根 (Tübingen)

2001年，数字真实，blobmeister——最先建成的工程，编辑为伯克豪斯，巴塞尔、波士顿、柏林

期刊文章和著书合计发表 220 篇 (部)

www.frankfurt.de > Kultur > Architektur，法兰克福／美因的建筑网站，项目经理

www.DAM-online.de，项目经理

通信录

B + G Ingenieure Bollinger und Grohmann GmbH
Westhafenplatz 6, 60327 Frankfurt/Main,
Tel +49 - (0)69 - 2400 07 -0, Fax +49 - (0)69 - 2400 07 -30
www.bollinger-grohmann.de
office@bollinger-grohmann.de

Bollinger Grohmann Schneider ZT GmbH
Franz-Josefs-Kai 31/I/4, 1010 Wien, Österreich Vienna, Austria
Tel +43 - (0)1 - 955 5454, Fax +43 - (0)1 - 955 5454 -30
www.bollinger-grohmann-schneider.at
office@bollinger-grohmann-schneider.at

54f architekten+ingenieure
Industriestraße 12, 64297 Darmstadt
www.54f.de

ABB Architekten
Berliner Straße 27, 60311 Frankfurt/Main
www.abb-architekten.com

Archimedes Bauplanungsgesellschaft mbH Herford
/ Hartwig Rullkötter
Auf der Freiheit 1, 32052 Herford
Tel +49 - 5221 - 99630 - 0, Fax +49 - 5221 - 183 470

Architektur Consult ZT GmbH
Körblergasse 100, 8010 Graz, Österreich Austria
www.archconsult.com

Architekten Schweger Partner (ASP)
Valentinskamp 30, 20355 Hamburg
www.asp-architekten.de

AS&P – Albert Speer & Partner GmbH Architekten Planer
Hedderichstraße 108 - 110, 60596 Frankfurt/Main
www.as-p.de

Atelier Volkmar Burgstaller ZT GmbH
Aigner Straße 52, 5026 Salzburg, Österreich Austria
www.burgstaller-arch.at

Böll und Krabel Dipl.-Ing. Architekten
Nordsternstraße 65, 45329 Essen
Tel +49 - 201 - 836 38 - 0, Fax +49 - 201 - 836 38 - 70

Bofinger & Partner Architekten
Biebricher Allee 49, 65187 Wiesbaden
www.bofinger-partner.de

BOLLES+WILSON GmbH & Co. KG
Alter Steinweg 17, 48143 Münster
www.bolles-wilson.com

Carsten Roth Architekt
Rentzelstraße 10 B, 20146 Hamburg
www.carstenroth.com

Helmut Christen/Atelier in der Schönbrunnerstraße
Ziviltechnikergesellschaft m.b.H.
Schönbrunnerstraße 26, 1050 Wien, Österreich Vienna, Austria
www.ats-architekten.at

Peter Cook & Colin Fournier
The Bartlett School, Wates House, 22 Gordon Street
London WC1H OQB, Großbritannien UK
www.bartlett.ucl.ac.uk

COOP HIMMELB(L)AU
Spengergasse 37, 1050 Wien, Österreich Vienna, Austria
www.coop-himmelblau.at

cornelsen+seelinger architekten BDA
Liebigstraße 25 A, 64293 Darmstadt
www.cornelsen-seelinger.com

Fischer Architekten
Richard-Wagner-Straße 1, 68165 Mannheim
www.werkstadt.com

Franken Architekten
Hochstraße 17, 60313 Frankfurt/Main
www.franken-architekten.de/

Gehry Partners LLP
12541 Beatrice Street, Los Angeles, CA 90066, USA
Tel +1 - 310 - 482 3000, Fax +1 - 310 - 482 3006

Gerber Architekten
Tönnishof, 44149 Dortmund
www.gerberarchitekten.de

Martin Häusle Architekt Dipl.-Ing.
Herrengasse 9, 6800 Feldkirch, Österreich Austria
Tel: +43 - 5522 - 78 675, Fax: +43 - 5522 - 78 540

Hegger Hegger Schleif HHS Planer+Architekten BDA
Habichtswalder Straße 19, 34119 Kassel
www.hhs-architekten.de

Partnerschaft Heiderich Hummert Klein Architekten
Prinz-Friedrich-Karl-Straße 34, 44135 Dortmund
www.heiderich-hummert-klein.de

Hein, Wittemeyer & Partner Architekten & Ingenieure GmbH
Tschaikowskistr. 46, 13156 Berlin
Tel: +49 - 30 - 4438040, Fax: +49 - 30 - 44380411
hwp-berlin@onlinehome.de

Isabelle Van Driessche + Thomas Warschauer
urbanisme architectes
28 rue Mohrfels, 2158 Luxemburg
Tel +352-22 02 45, Fax +352 - 46 57 61
ivdarch@pt.lu

JOURDAN & MÜLLER – PAS
Projektgruppe Architektur & Städtebau
Leipziger Straße 36, 60487 Frankfurt/Main
www.jourdan-mueller.de

Kauffmann Theilig & Partner GbR Freie Architekten BDA

www.kauffmanntheilig.de

KSP Engel und Zimmermann GmbH
Hanauer Landstraße 287-289, 60314 Frankfurt/Main
www.ksp-architekten.de

Lengfeld & Wilisch Dipl.-Ing. Architekten BDA
Berliner Allee 8, 64295 Darmstadt
www.lengfeld-wilisch.com

letzelfreivogel architekten
Marktplatz 7, 06108 Halle
www.letzelfreivogel.de

mediastadt Urbane Strategien, Prof. Wolfgang Christ Architekt
Goebel Straße 21, 64293 Darmstadt
www.mediastadt.com

Jean Petit Architectes
11 avenue du Bois, 1251 Luxemburg
Tel +352 - 47 13 22, Fax +352 - 47 32 53

Prof. Christoph Mäckler Architekten
Opernplatz 14, 60313 Frankfurt/Main
www.chm.de

SANAA Ltd. Kazuyo Sejima, Ryue Nishizawa & Associates
7-A Shinagawa-Soko, 2-2-35 Higaschi-Shinagawa-Ku
140 Tokio Tokyo, Japan
Tel. +81-3-3450-1754, Fax +81-3-3450-1757
sanaa@sanaa.co.jp

Scheffler+Partner Architekten BDA
Klettenbergstrasse 24, 60322 Frankfurt/Main
s-p-architekten@t-online.de

schneider+schumacher Architekturgesellschaft mbH
Westhafenplatz 8, 60327 Frankfurt/Main
www.schneider-schumacher.de

Toyo Ito & Associates Architects
Fujiya Bldg. 19-4 1-Chome, Shibuya, Shibuya-ku
150-0002 Tokio Tokyo, Japan
Tel +81-3-3409-5822, Fax 81-3-3409-5969

VASCONI ASSOCIES ARCHITECTES
Guy Bez – Yves Lamblin – Claude Vasconi
58, rue Monsieur Le Prince, 75006 Paris, Frankreich France
www.claude-vasconi.fr

Dipl.-Ing. Maximilian Vogels
Inselstraße 19, 64287 Darmstadt
www.vogels-architekten.de

Westlake Reed Leskosky
925 Euclid Avenue, Suite 1900 Cleveland, Ohio 44115-140, USA
www.wrldesign.com

著作权合同登记图字：01-2005-2847号

图书在版编目（CIP）数据

创造优秀建筑的工作流程——建筑学与工程学的密切合作/（德）施马尔编著；赵娜冬，段智君译．—北京：中国建筑工业出版社，2008
ISBN 978-7-112-09769-2

Ⅰ．创… Ⅱ．①施…②赵…③段… Ⅲ．建筑工程-施工组织
Ⅳ．TU721

中国版本图书馆CIP数据核字（2007）第187302号

Workflow: Architecture-Engineering/Peter Cachola Schmal
Copyright ©2004 Birkhäuser Verlag AG(Verlag für Architektur), P.O.Box 133,
4010 Basel, Switzerland
Chinese Translation Copyright ©2008 China Architecture & Building Press
All rights reserved.

本书经Birkhäuser Verlag AG出版社授权我社翻译出版

责任编辑：孙　炼　率　琦
责任设计：郑秋菊
责任校对：梁珊珊　兰曼利

Workflow: Architecture-Engineering
创造优秀建筑的工作流程
——建筑学与工程学的密切合作
[德]彼得·卡克拉·施马尔　编著
赵娜冬　段智君　译
*
中国建筑工业出版社出版、发行（北京西郊百万庄）
各地新华书店、建筑书店经销
北京嘉泰利德公司制版
北京方嘉彩色印刷有限责任公司印刷
*
开本：889×1194毫米　1/20　印张：11 1/5　字数：333千字
2008年5月第一版　2008年5月第一次印刷
定价：69.00元
ISBN 978-7-112-09769-2
　　　　（16433）

版权所有　翻印必究
如有印装质量问题，可寄本社退换
（邮政编码100037）